速効！ポケットマニュアル
Sokko! Pocket Manual

Excel
エクセル

2016 & 2013 & 2010 & 2007

基本ワザ & 仕事ワザ

JN169328

マイナビ

本書の使い方

◎ 1項目1ページで、みんなが必ずつまづくポイントを解説。
◎ タイトルを読めば、具体的に何が便利かがわかる。
◎ 操作手順だけを読めばササッと操作できる。
◎ もっと知りたい方へ、補足説明とコラムで詳しく説明。

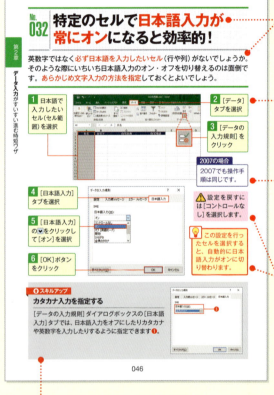

タイトルと解説
具体的にどう活用するか、どう便利なのかがわかります。

操作手順
番号順にこれだけ読めば1～2分で理解できます。

バージョン解説
Excelのバージョンによって操作が違う場合、その手順を紹介します。

補足説明
知っておくと便利なことや注意点を説明します。

コラム ◆スキルアップ ◆トラブル解決
もっと詳しく知りたい方へ、スキルアップやトラブル解決の知識を紹介します。

※ここに掲載している紙面はイメージです。実際のページとは異なります。

サンプルデータのダウンロード

URL: https://book.mynavi.jp/supportsite/detail/9784839959579.html

※以下の手順通りにブラウザーのアドレスバーに入力してください。

Windows 10の場合

1 ブラウザー（ここではMicrosoft Edge）を起動

2 ここをクリックして上記URLを入力し、Enterキーを押す

3 画面をスクロールし、「サンプルデータのダウンロードはこちら」のリンクをクリック

4 [保存]をクリック

5 ダウンロードが終了したら[開く]をクリック

6 フォルダーウインドウが開くので、ファイルをクリック

7 展開したい場所（ここでは[デスクトップ]）をクリックすると展開が始まる

8 ファイルが展開された。ダブルクリックすると、

9 章ごとに分かれたサンプルデータが表示される

※次ページの下の2つのコラムもお読みください

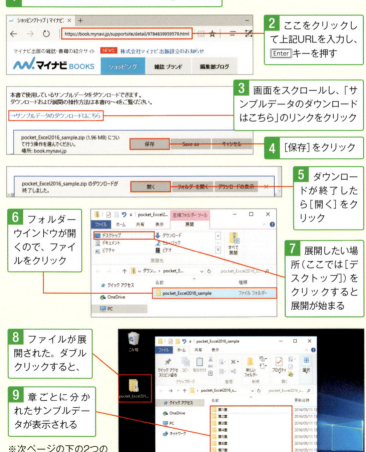

Windows 8.1/8/7/Vistaの場合

速効! ポケットマニュアル
Sokko! Pocket Manual

CONTENTS ◎目次

本書の使い方 …………………………………………………………… 002
ダウンロードデータの使い方 ………………………………………… 003

第1章
ブックとシートを自在に操る基本ワザ ……………………… 013

No.001	Excelを使いこなす前に**画面**や「**ブック**」「**シート**」を理解! ………… 014
No.002	**セルの構造**を知っておくことがデータ入力の第一歩 ……………… 015
No.003	取引先から**古いバージョン**のExcelファイルを渡されたら? ……… 016
No.004	仕事で渡すExcelファイルは**シート見出しの名前や色**を修正 …… 017
No.005	**複数のシート**にまとめてデータを入力できる効率アップワザ! …… 018
No.006	**使わないシート**は隠してジャマにならないようにしよう ………… 019
No.007	セルの内容を間違えて**変更しないようにする**には? ……………… 020
No.008	**シートを保護**してデータが変更されるのを防ぐ …………………… 021
No.009	非表示にしたシートを**他人に見られないようにする** ……………… 022
No.010	複数のメンバーで1つの**ブックを同時編集**したい ………………… 023
No.011	開いた**ブックを一時的に隠せば**切り替え時に迷わない! …………… 024
No.012	作成したブックは配布する前に**文書ファイルを検査**しよう ……… 025
No.013	ブックが「**最終版**」であることを配布先に明示したい ……………… 026
No.014	ブックが改ざんされるのを防ぐには**パスワードを設定**! …………… 027
No.015	**ブックの情報を入力**しておけばファイルの管理がラクチン ……… 028

第2章
データ入力がすいすい進む時短ワザ … 029

- No.016 文字を入力・削除する際のキホン操作を知っておこう … 030
- No.017 入力したデータの一部を修正! 3つの方法を覚えよう … 031
- No.018 わかりやすく伝えるためには記号の活用がオススメ! … 032
- No.019 「001」といった3桁の数字がうまく入力できない … 033
- No.020 「4月1日」のような日付を入力するにはどうする? … 034
- No.021 「1/2」のような分数がうまく入力できなくて困っている … 035
- No.022 「1-2」「'」「(1)」「/」はどうすれば入力できる? … 036
- No.023 「2^8」や「H_2O」のような上付き・下付き文字の入力ワザ … 037
- No.024 メールアドレスやURLがリンクになってしまう!? … 038
- No.025 複数のセルに同じデータを一括入力できるとうれしい! … 039
- No.026 小数点を自動追加してスピーディに数字を入力 … 040
- No.027 Excelを使いこなすなら必須! 連続したデータを入力する … 041
- No.028 オリジナルの連続データを登録するには? … 042
- No.029 以前入力したことのあるデータを素早く入力したい! … 043
- No.030 すぐ上や左にあるセルと同じデータを速攻で入力する … 044
- No.031 セルへの入力を確定したあとは右のセルへ移動したい! … 045
- No.032 特定のセルで日本語入力が常にオンになると効率的! … 046

第3章
思い通りの表に仕上げるセル編集ワザ … 047

- No.033 過ちは素直に認めて行った操作を元に戻したい! … 048
- No.034 元に戻しすぎたそのときは!? 操作をやり直ししよう … 049
- No.035 広大なシートを使いこなす! 広い範囲を選択したい … 050
- No.036 シート・表・行・列の単位でセルを素早く選択するには? … 051

No.037	数式が入力されたセルだけをまとめて選択できると便利!	052
No.038	思い通りの表を作る第一歩! 行や列を挿入・削除するには	053
No.039	移動する方向に注意しよう! 表の中でセルを挿入・削除	054
No.040	作業の妨げになる行や列は一時的に隠しておく	055
No.041	列の幅や行の高さを任意のサイズに調整したい!	056
No.042	セルの移動やコピーを正しく行うには?	057
No.043	コピーしたセルを表内の別の場所に挿入したい!	058
No.044	作成したあとでも大丈夫! 表の行と列を瞬時に入れ替え	059
No.045	非表示にしたはずの行や列もコピーされてしまう	060
No.046	複数のデータを使い回すならクリップボードを表示しよう	061
No.047	クリップボードに保存した複数データから選んで貼り付け	062
No.048	セルの内容を元のクリアな状態に戻して作業したい	063
No.049	Excelの広大なシートから特定のデータを探し出すには	064
No.050	同じ誤りが何カ所にも散見! まとめて一気に修正したい	065
No.051	入力データをクリーニング! 不要な空白をまとめて削除	066
No.052	1つのセルに入力したデータを複数のセルに分けたい!	067
No.053	セルの目盛線を消せば文書の仕上がりがイメージできる	068
No.054	数式バー・行番号・列番号を非表示にして画面をスッキリ	069
No.055	ウィンドウのサイズに合わせて選択範囲だけを拡大表示	070
No.056	2つのブックを見比べて内容をじっくり精査したい	071
No.057	ブック内の異なるシートを同時に表示してチェックする	072

第4章
書式ワザで文書のセンスがアップ! ... 073

No.058	文字の書体やサイズを整えて見栄えのよい資料を作りたい	074
No.059	表見出しの文字色を変えて資料をより見やすくするには	075

No.	タイトル	ページ
No.060	文字に**太字・斜体・下線**を施して重要箇所を強調したい	076
No.061	**セルの背景に色**を付けて伝わる資料に仕上げる!	077
No.062	ビジネスではやり過ぎに注意!? **セルにグラデーション**を施す	078
No.063	資料作成の仕上げは**罫線を引いて**表を見やすく!	079
No.064	罫線を細かくカスタマイズ! **1本ずつ追加・削除**する方法	080
No.065	**罫線の色や種類**にこだわって魅せる表を目指そう	081
No.066	文字列の**左右揃えや上下揃え**を指定して見やすく配置する	082
No.067	これだけで変わる資料の印象! 文字を**縦書きや斜め書きにする**	083
No.068	セル内では**文字列を改行**して読みやすくするのが鉄則	084
No.069	セルの大きさに合わせて**文字を小さく表示**する便利ワザ	085
No.070	インデント機能を使ってデータの**先頭を1文字分空ける**	086
No.071	複数の**セルを1つにまとめて**データを入力するという手法	087
No.072	複数の**セルを1つに結合**する! 表のタイトルを見栄えよく作成	088
No.073	数値には**カンマや円記号**を付けるのがセオリー	089
No.074	数値を**パーセント表示**して比率や割合を表すテクニック	090
No.075	**小数点以下の桁数**を揃えて整理されたデータで見せる	091
No.076	日付に**西暦や和暦を表示**! より信頼性の高い文書にする	092
No.077	「4月1日(月)」のように**曜日付きの日付**を表示したい	093
No.078	「○台」といった**独自の単位を自動的に追加**するテクニック	094
No.079	ミニツールバーを表示してさまざまな**書式を素早く設定**!	095
No.080	フォントや文字色などの**書式**を別のセルでも**使い回す**時短ワザ	096
No.081	セルに施した**表示形式**の設定をスピーディに**解除**する	097
No.082	名前や専門用語は**ふりがなで誰でも読める**ようにしておく	098
No.083	**ふりがなが間違っている**場合は直接修正しておこう	099
No.084	**ふりがなをカタカナに**変えたり文字の中央に配置したりする	100

第5章
面倒な計算を一瞬で済ませる数式ワザ …………………… 101

No.085	いきなり**数値の平均や合計**を聞かれてもサッと答えるには? ……	102
No.086	Excelの数式を身に付けるなら**四則演算**から覚えよう ……………	103
No.087	**数式をほかのセルにコピー**! 省エネ操作で使い回そう …………	104
No.088	ムダな作業を極力減らす! 複数セルに**数式を一気に入力** …………	105
No.089	**数式の参照先が変わったら**正しく計算できなくなった…… ………	106
No.090	**列または行のみ参照先を固定**! 九九の表を例に理解しよう ………	107
No.091	計算を手軽に行う[オートSUM] 一定期間の**売上を合計**するには	108
No.092	全商品の一定期間の売上は? **表全体の合計**を求めたい! …………	109
No.093	社内の英語テストの結果からスピーディに**平均点を算出** …………	110
No.094	**数値入力されたセルの個数**から受験者数を算出したい ……………	111
No.095	指定範囲の**最大値や最小値**を手軽に求めるには? …………………	112
No.096	数式で参照している**セル範囲を修正**するにはどうする? …………	113
No.097	関数名や演算子に誤りが! **数式の内容を正す**には …………………	114
No.098	関数が使われた数式の修正に**[関数の引数]画面**を活用! …………	115
No.099	**セルに数式そのものを表示**して一気にチェックしたい ……………	116
No.100	数式を修正した際に**計算結果の更新を手動**で行う …………………	117
No.101	**別のシートの計算結果**を利用して資料を作りたい!………………	118
No.102	受け取ったExcelファイルが**別のブックを参照**していた場合 ……	119
No.103	**計算結果だけを利用**したいのに数式がコピーされてしまう ………	120
No.104	複数セルに入力されたデータを**1つのセルにまとめる**便利ワザ …	121
No.105	**複数シートに入力したデータ**を元に上半期の合計を導くには ……	122

第6章
関数ワザで複雑な作業も仕組み化！ ………………… 123

- No.106 Excelでビジネスを促進! **関数入力のキホン**から覚えよう ……… 124
- No.107 使い方に慣れてきた関数はセルに**そのまま直接入力**! ………… 125
- No.108 関数の**計算結果を引数に指定**! 条件に合ったら合計を算出する … 126
- No.109 報告書の日付や時間を入力! 常に**今の日時を表示**するには? ……… 127
- No.110 面倒な作業はExcelまかせ! 関数で数値を**四捨五入**する ………… 128
- No.111 入力した文字列データから**ふりがなを取り出したい** ……………… 129
- No.112 **指定した条件**によって行う処理を変えたい場合は? …………… 130
- No.113 **ほかの表に入力したデータ**を取り出して活用したい! …………… 131
- No.114 売上金額の合計を一気に算出! **縦横をまとめて計算**するには …… 132

第7章
説得力のあるグラフで魅せる実践ワザ ……………… 133

- No.115 資料の説得力をアップ! **グラフ作成のキホン**を覚えよう ………… 134
- No.116 内容に合った種類を選ぼう! 棒グラフを**折れ線グラフに変更** …… 135
- No.117 グラフを作成したあとに**データの対象範囲**を変えたい! …………… 136
- No.118 必要に応じて**新しいデータ**をグラフに**追加**するには ……………… 137
- No.119 グラフを**別のシートに移動**してグラフだけを表示したい ………… 138
- No.120 文書のデザインに合わせてグラフの**スタイルを最適化**する ……… 139
- No.121 情報をしっかり伝えるためにグラフの**外観をまとめて設定** ……… 140
- No.122 グラフの**縦軸と横軸が示す内容**をわかりやすく伝えたい ………… 141
- No.123 グラフの**凡例は見やすい位置**に移動しておこう …………………… 142
- No.124 編集時に欠かせない基本操作! グラフの**要素を選択**するには …… 143
- No.125 **縦の目盛線**を表示してデータを区別しやすくしたい ……………… 144
- No.126 大きい数字は見やすさ優先! 縦軸の**単位を100万**にしよう ……… 145

No.127	作り込んだ**グラフの書式**はテンプレートにして**使い回す**	146
No.128	表の隣に**小さなグラフ**を作成! データの傾向をチェックする	147
No.129	数値データが欠けている際に**折れ線グラフをつなぐ**には?	148

第8章
資料の**作り込み**に役立つ便利ワザ … 149

No.130	作成した資料を**印刷する前にプレビュー**で必ず最終チェック	150
No.131	プリンタ出力のキホン操作! **表示中のシートを印刷**するには	151
No.132	**印刷イメージを意識**しながら文書の編集を行うテクニック	152
No.133	文書が1ページに収まらない! **余白のサイズを調整**するには	153
No.134	**用紙のサイズや縦横の向き**を設定してから印刷しよう	154
No.135	シートの一部をプリント! **印刷する範囲**を指定したい	155
No.136	表の区切りのいい位置で**改ページを指定**するには	156
No.137	文書の内容を削らず**規定のページ数**に収める方法	157
No.138	複数ページにまたがる表は**見出し行を全ページ**に表示!	158
No.139	**ヘッダーやフッター**を挿入して文書の情報を表示したい	159
No.140	入力する手間が省略できる! **ヘッダーに日付**を自動で表示	160
No.141	ブックの内容チェック時に**セルにコメント**を付けるには	161
No.142	入力時の注意事項がわかるよう**セルの選択時にメッセージ**表示	162
No.143	列幅がまったく異なる表を**上下に複数配置**したい!	163
No.144	図として貼り付けた表を**元のデータとリンク**させるには	164
No.145	数学や統計で使われる**複雑な数式を作成**するには?	165
No.146	決まった状態の**シート表示や印刷**の設定を**登録**しておく	166

第9章
ビジネス現場で試してみたい上級ワザ …………………… 167

- №147 Excelを**イメージチェンジ**!? 気分転換に色合いを変えてみる …… 168
- №148 クイックアクセスツールバーに**よく使う機能**を追加しておく …… 169
- №149 **指定した条件**に合ったセルに自動で**書式を設定**したい! ………… 170
- №150 **条件付き書式**の設定を**解除**する方法がわからない ……………… 171
- №151 集計や分析で役立てたい! **指定範囲内の数字**を目立たせる ……… 172
- №152 条件付き書式は**文字列に有効**! 特定のセルを強調表示する ……… 173
- №153 **重複データ**がスピーディに見付け出せる便利テクニック ………… 174
- №154 複雑な条件設定も大丈夫! **上位70%に入る数値**はどれ? ………… 175
- №155 スケジュール管理に活用! **来週の日付のみ曜日を表示**する ……… 176
- №156 数値の大きい・小さいを色のグラデーションで表現! ……………… 177
- №157 **画像ファイル**をシート上に**貼り付ける**方法がわからない ………… 178
- №158 ○や□を組み合わせてシート上に**図形を作成**するには …………… 179
- №159 より**複雑な組織図や図表**をシート上に作るにはどうする? ……… 180
- №160 テキストボックスを作成して**自由な場所に文字列**を配置する …… 181
- №161 **テキストボックス内の書式**を変えて見栄えをよくしたい ………… 182
- №162 データを**大きい順や五十音順**に並べ替えて整理したい! …………… 183
- №163 画面をスクロールする前に表の**見出し行を固定**しておこう ……… 184
- №164 1画面に収まらないデータの**上部と下部**を同時に**見比べたい** …… 185

　　索引 …………………………………………………………………… 186

第1章
ブックとシートを自在に操る基本ワザ

上司や取引先など、ビジネスの場面でExcel文書のやり取りがある場合、ブック（ファイル）やシートの管理は欠かせません。必要な情報を的確に届けるためにも、ブックやシートのキホンをはじめ、非表示にしたり改ざんを防いだりする方法を覚えておきましょう。

No.001 Excelを使いこなす前に画面や「ブック」「シート」を理解!

Excelを便利に活用したいなら、まずExcelの基本的な画面構成を把握しておきましょう(ここではExcel 2016の画面を例に解説)。また「ブック」「シート」の関係についてもしっかりと理解しておきたいところです。

Excelの基本画面をチェックしよう

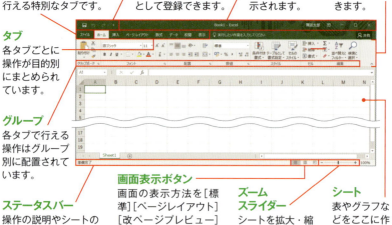

[ファイル]タブ
複数あるタブの中でもファイルの保存、印刷、設定が行える特別なタブです。

クイックアクセスツールバー
よく行う操作をボタンとして登録できます。

タイトルバー
ここにブックのファイル名が表示されます。

リボン
Excelで行う操作を選択できます。

タブ
各タブごとに操作が目的別にまとめられています。

グループ
各タブで行える操作はグループ別に配置されています。

ステータスバー
操作の説明やシートの状態を確認できます。

画面表示ボタン
画面の表示方法を[標準][ページレイアウト][改ページプレビュー]から選べます。

ズームスライダー
シートを拡大・縮小表示できます。

シート
表やグラフなどをここに作成します。

ブックとシートの関係とは?

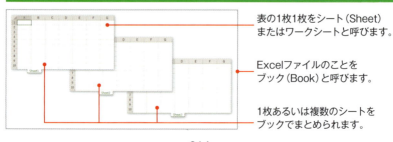

表の1枚1枚をシート(Sheet)またはワークシートと呼びます。

Excelファイルのことをブック(Book)と呼びます。

1枚あるいは複数のシートをブックでまとめられます。

No.002 セルの構造を知っておくことがデータ入力の第一歩

Excelでは「セル」(マス目)にデータを入力して情報を管理することになります。その構造を理解しておくことはExcelを活用する第一歩といえるでしょう。特に「行」「列」の関係は間違えないようにしてください。

セルの構造を知っておこう

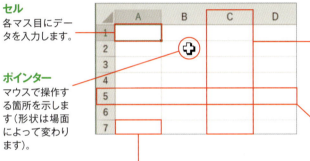

セル
各マス目にデータを入力します。

ポインター
マウスで操作する箇所を示します(形状は場面によって変わります)。

セル番地
行番号と列番号でセルの位置を示します(この場合は「A7」になります)。

列
縦方向の並びのことで、「A」「B」「C」といった「列番号」でセルの位置を示します。

行
横方向の並びのことで、「1」「2」「3」といった「行番号」でセルの位置を示します。

アクティブセルと入力データ

アクティブセルの列番号です。

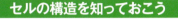

名前ボックス
アクティブセルのセル番地(ここでは「B2」)を表示します。

アクティブセルの行番号です。

アクティブセル
太枠で囲まれた操作対象のセルのことです。

数式バー
アクティブセルに入力したデータや数式を表示します。

フィルハンドル
ドラッグするとデータのコピーや連続データの入力ができます。

No. 003 取引先から古いバージョンの Excelファイルを渡されたら？

Excel 2003以前で作成されたブックは、xls形式のファイルになります。ほかのバージョンのExcelでも開けますが、データを編集した際は2016/2013/2010/2007のxlsx形式に変換する手もあります。

2003以前のExcelで作られたブックを保存し直す方法

1 古い形式のファイルを開くと[互換モード]と表示される

2 古い形式はシートのサイズが256列/65536行までといったさまざまな制限がある

3 新しい形式に変換するには[ファイル]タブ（2007は[Office]ボタン）をクリック

4 [情報]を選択（2007以外）

5 [変換]をクリック

6 [OK]をクリック

⊕ スキルアップ

古いxls形式のまま保存したい場合

ブックの修正後は古いxls形式でも保存できますが、2003以降の新しい機能を使った場合は、互換性チェックの画面で❶、[検索]をクリックし❷、機能を削除してから保存しましょう❸。

No.004 仕事で渡すExcelファイルはシート見出しの名前や色を修正

上司や取引先にExcelファイルを送る場合は、求める情報がすぐ見付かるよう配慮したいもの。シート名を「Sheet1」のままにせず、わかりやすく修正しましょう。必要に応じてシート見出しの色を変えるのも手です。

シートの名前をわかりやすく変更

1 シート見出しをダブルクリック

2 わかりやすい名前を入力したら[Enter]キーを押して変更する

シート見出しに好みの色を付ける

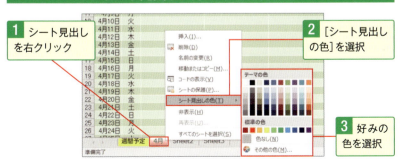

1 シート見出しを右クリック

2 [シート見出しの色]を選択

3 好みの色を選択

No.005 複数のシートにまとめてデータを入力できる効率アップワザ！

複数のシートで同じ位置のセルにデータを入力したい……そんなときは「作業グループ」を作るとよいでしょう。方法はカンタンで、Ctrlキーか Shiftキーを押しながらシート見出しを複数選択するだけです。

複数のシートを選択して作業グループを作成

1 作業グループにしたいシート見出しをクリック

2 Ctrlキーを押しながら他のシート見出しをクリックしていく

3 複数のシート見出しが選択された

4 [作業グループ]と表示され、すべてのシートの同じ位置にデータを入力できる

作業グループを解除するには？

1 作業グループ内のシート見出しを右クリック

2 [作業グループ解除]を選択すると解除できる

No.006 使わないシートは隠してジャマにならないようにしよう

Excelで資料を作っていると、**どんどんシートが増えていくこと**もあるでしょう。あとで使う可能性があるシートでも作業の妨げになるようなら、**いったん非表示にする**のがオススメ。再表示もカンタンに行えます。

シートを一時的に隠すには

1. 隠したいシートを表示する（アクティブにする）
2. [ホーム]タブを選択
3. [書式]をクリック
4. [非表示/再表示]→[シートを表示しない]を選択

非表示にしたワークシートを再度表示するには

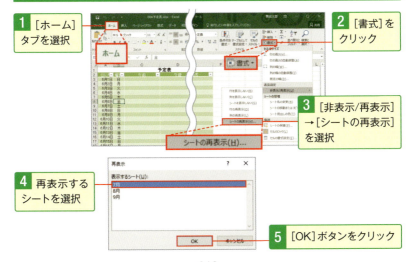

1. [ホーム]タブを選択
2. [書式]をクリック
3. [非表示/再表示]→[シートの再表示]を選択
4. 再表示するシートを選択
5. [OK]ボタンをクリック

No. 007 セルの内容を間違えて変更しないようにするには？

ようやく作成した複雑な数式。誤って変更してしまう事態は避けたいものです。そのような際は、まず全セルをロック解除の状態にしてから任意のセルをロックします。続いて次ページを参考にシートを保護しましょう。

全セルのロックを解除しておく

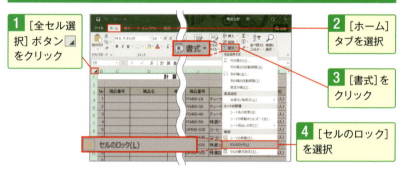

1. [全セル選択]ボタンをクリック
2. [ホーム]タブを選択
3. [書式]をクリック
4. [セルのロック]を選択

任意のセルをロックするには

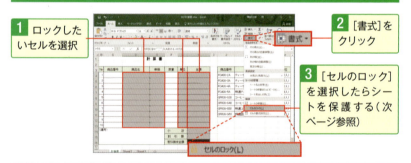

1. ロックしたいセルを選択
2. [書式]をクリック
3. [セルのロック]を選択したらシートを保護する（次ページ参照）

⚡スキルアップ 最初に全セルのロックを解除する理由

基本的に全てのセルは初期状態でロックがかかっています。そのため、ここではいったん全セルのロックを解除し、ロックしたいセルを指定し直しているのです。なお、全セルがロックされた状態で任意のセルを選択して[セルのロック]を選択すれば、逆に変更を許可したいセルを指定できます。

No. 008 シートを保護してデータが変更されるのを防ぐ

前ページでセルのロック方法を解説しましたが、続けて**シートの保護**を行うことで、**任意のセルが変更できなくなります**。なお、[シートの保護]画面ではシートの保護を解除するためのパスワードを設定できます。

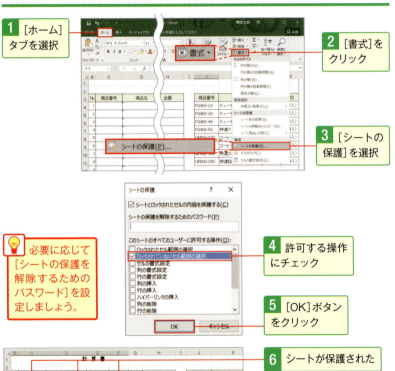

💡 必要に応じて[シートの保護を解除するためのパスワード]を設定しましょう。

⚠️ リボンを見ると、ほとんどのコマンドが選択できなくなっています。ロックを解除したセルにだけ入力できます。

No. 009 非表示にしたシートを他人に見られないようにする

ここまでシートを保護するテクニックを解説しましたが、**ブックを保護**することもできます。これにより、非表示にしたシート（19ページ参照）が表示できなくなったり、シートの順番が入れ替えられなくなったりします。

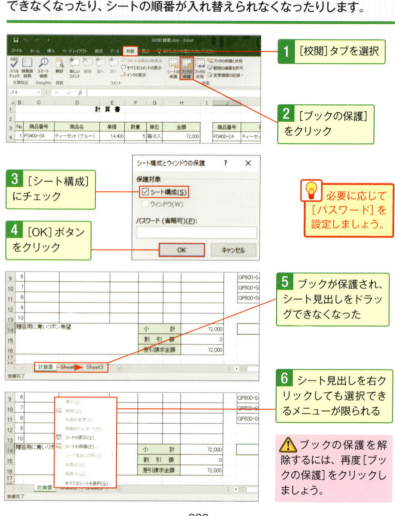

1. ［校閲］タブを選択
2. ［ブックの保護］をクリック
3. ［シート構成］にチェック
4. ［OK］ボタンをクリック

💡 必要に応じて［パスワード］を設定しましょう。

5. ブックが保護され、シート見出しをドラッグできなくなった
6. シート見出しを右クリックしても選択できるメニューが限られる

⚠ ブックの保護を解除するには、再度［ブックの保護］をクリックしましょう。

No. 010 複数のメンバーで1つのブックを同時編集したい

ネットワーク上のサーバーに保存されたExcelファイルは、誰か作業中だとほかのユーザーは閲覧しかできません（読み取り専用で開かれます）。ブックを共有することで、複数人で同時に編集できるようになります。

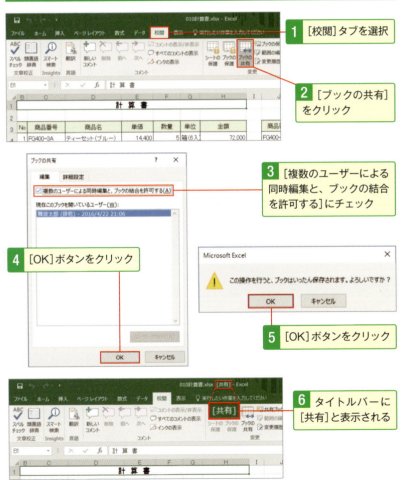

No. 011 開いたブックを一時的に隠せば切り替え時に迷わない!

資料の作成中は複数のブックを参照することが多く、**ブックの切り替え時は迷ってしまいます**。かといって毎回ファイルを閉じたり開いたりするのも非効率的。ここでは一時的に**ブックを非表示にする方法**を紹介します。

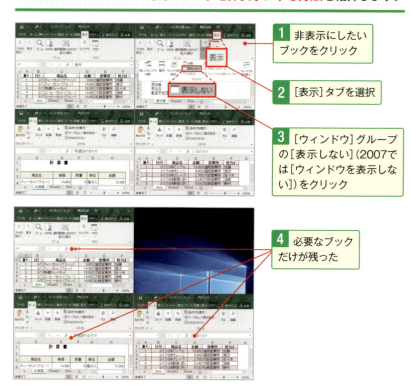

1 非表示にしたいブックをクリック

2 [表示]タブを選択

3 [ウィンドウ]グループの[表示しない](2007では[ウィンドウを表示しない])をクリック

4 必要なブックだけが残った

⊕トラブル解決　非表示のウィンドウを再表示するには?

非表示にしたブックのウィンドウを再表示するには[表示]タブで[ウィンドウ]グループにある[再表示](2007では[ウィンドウの再表示])をクリックします。[ウィンドウの再表示]ダイアログボックスで任意のブックを選択して[OK]ボタンをクリックすると、ウィンドウが再表示されます。

No. 012 作成したブックは配布する前に文書ファイルを検査しよう

正式な文書としてExcelファイルを提出するような場合、極力よけいな情報は削除しておきたいもの。[ドキュメント検査]を実行すれば、変更履歴、コメント、個人名などの情報が含まれていないかチェックできます。

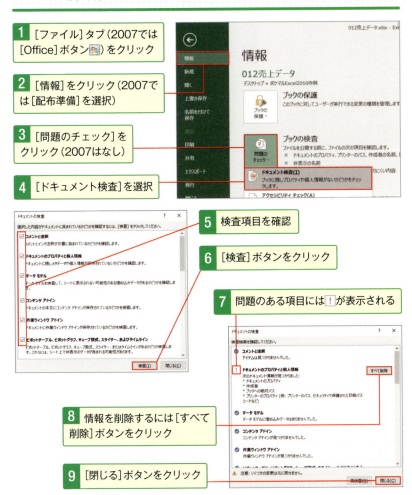

1 [ファイル]タブ(2007では[Office]ボタン)をクリック

2 [情報]をクリック(2007では[配布準備]を選択)

3 [問題のチェック]をクリック(2007はなし)

4 [ドキュメント検査]を選択

5 検査項目を確認

6 [検査]ボタンをクリック

7 問題のある項目には ! が表示される

8 情報を削除するには[すべて削除]ボタンをクリック

9 [閉じる]ボタンをクリック

No.013 ブックが「最終版」であることを配布先に明示したい

編集する必要がない完成状態のブックは「最終版」にすることで、読み取り専用で開かれるようにできます。ただし[編集する]をクリックすれば編集できてしまうので、あくまで最終版だと知らせる機能になります。

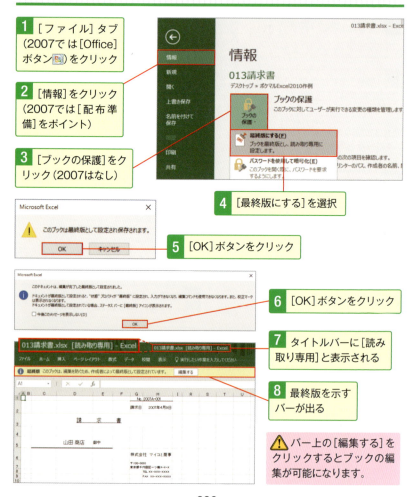

1. [ファイル]タブ（2007では[Office]ボタン）をクリック
2. [情報]をクリック（2007では[配布準備]をポイント）
3. [ブックの保護]をクリック（2007はなし）
4. [最終版にする]を選択
5. [OK]ボタンをクリック
6. [OK]ボタンをクリック
7. タイトルバーに[読み取り専用]と表示される
8. 最終版を示すバーが出る

⚠ バー上の[編集する]をクリックするとブックの編集が可能になります。

No.014 ブックが改ざんされるのを防ぐにはパスワードを設定！

見積書や請求書など、作成したブックの内容によっては、配布先で自由に改ざんされるのを防ぎたい場面が出てくるはずです。ここではパスワードを入力しないと文書を編集できないように設定してみましょう。

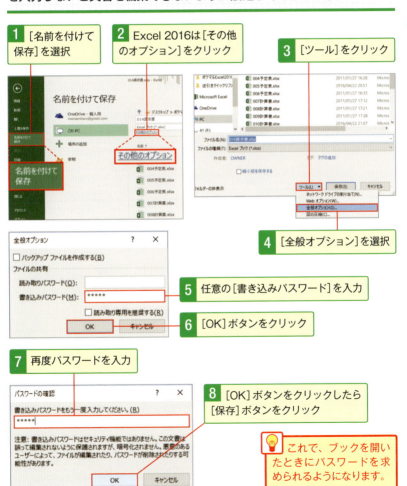

1 [名前を付けて保存]を選択
2 Excel 2016は[その他のオプション]をクリック
3 [ツール]をクリック
4 [全般オプション]を選択
5 任意の[書き込みパスワード]を入力
6 [OK]ボタンをクリック
7 再度パスワードを入力
8 [OK]ボタンをクリックしたら[保存]ボタンをクリック

💡 これで、ブックを開いたときにパスワードを求められるようになります。

No.015 ブックの情報を入力しておけばファイルの管理がラクチン

Excelのブックには「作成者」「タイトル」「キーワード」「分類」「コメント」といった情報を追加することが可能です。これを利用すれば、ファイルを開かなくてもブックの内容を確認できます。

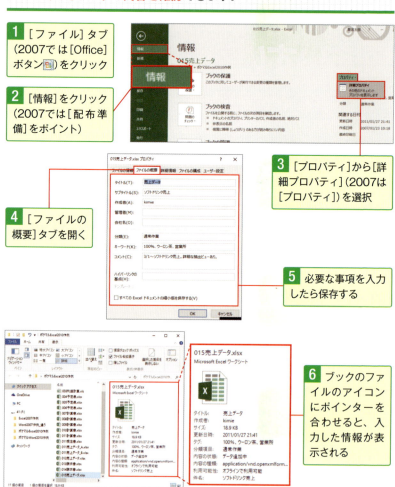

1. [ファイル]タブ（2007では[Office]ボタン）をクリック
2. [情報]をクリック（2007では[配布準備]をポイント）
3. [プロパティ]から[詳細プロパティ]（2007は[プロパティ]）を選択
4. [ファイルの概要]タブを開く
5. 必要な事項を入力したら保存する
6. ブックのファイルのアイコンにポインターを合わせると、入力した情報が表示される

第2章
データ入力がすいすい進む時短ワザ

大量の情報を整理するのに便利なExcelですが、データ入力のポイントを押さえておくと、より効率よく作業を進められます。また「1-2」と入力したいのに日付に変換されて困ったことはないでしょうか。ここではそうした文字入力の作法も紹介していきます。

No. 016 文字を入力・削除する際のキホン操作を知っておこう

既に知っているユーザーも多いかと思われますが、Excelでは数字、数式、関数を半角の英数字で入力します。この点はExcel操作のキホンなので必ず覚えておきましょう。もちろん全角の文字列も入力できます。

数値など半角の英数字を入力する

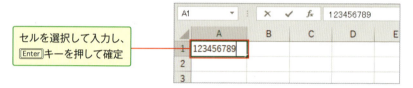

セルを選択して入力し、[Enter]キーを押して確定

日本語を入力する

1 [半角/全角]キーを押して日本語入力に切り替える

2 文字列を入力し、[Enter]キーを押して確定

入力したデータを削除する

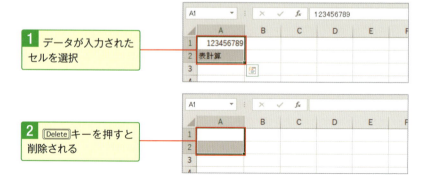

1 データが入力されたセルを選択

2 [Delete]キーを押すと削除される

No.017 入力したデータの一部を修正！3つの方法を覚えよう

入力したデータをあとで訂正したい場合、複数のアプローチがあります。それはセルをダブルクリックする方法、F2キーを押す方法、数式バーから修正する方法の3つですが、それぞれ覚えておくと便利でしょう。

ダブルクリックしてから修正する

1 セルをダブルクリックすると、カーソルが表示される

2 文字列を修正したらEnterキーを押す

数式バーから修正する

1 セルを選択

2 数式バーで修正したい部分をドラッグして選択

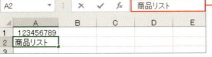

3 文字列を修正してEnterキーを押す

F2キーを押してから修正する

1 セルを選択してF2キーを押すと、文字列の末尾にカーソルが表示される

2 文字列を修正してEnterキーを押す

No.018 わかりやすく伝えるためには記号の活用がオススメ！

作成している資料で、文字列ではなく記号を使いたいことはないでしょうか？ 記号はひと目で意味が伝わりやすいので、文字で表すより効果的な場合があります。ここではさまざまな記号を入力する方法を解説します。

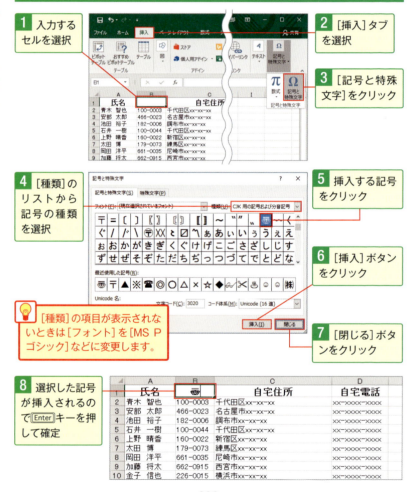

1 入力するセルを選択
2 [挿入]タブを選択
3 [記号と特殊文字]をクリック
4 [種類]のリストから記号の種類を選択
5 挿入する記号をクリック
6 [挿入]ボタンをクリック
7 [閉じる]ボタンをクリック
8 選択した記号が挿入されるので[Enter]キーを押して確定

💡 [種類]の項目が表示されないときは[フォント]を[MS Pゴシック]などに変更します。

No.019 「001」といった3桁の数字がうまく入力できない……

セルに「001」と入力しても通常は「1」と表示されます。3桁数字にしたい場合、先頭に「'」(アポストロフィ)を入力し、文字列として扱いましょう。数字のまま3桁にしたいときは、下のコラムを参照してください。

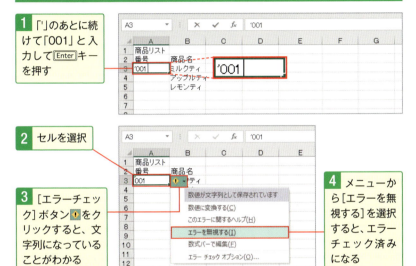

1. 「'」のあとに続けて「001」と入力して[Enter]キーを押す

2. セルを選択

3. [エラーチェック]ボタンをクリックすると、文字列になっていることがわかる

4. メニューから[エラーを無視する]を選択すると、エラーチェック済みになる

↑スキルアップ

「001」を数値として表示させたい

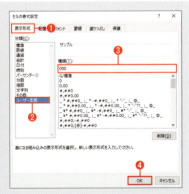

数値のまま「001」と表示させるには、「1」と入力したセルを選択します。[ホーム]タブの[数値]グループにある[ダイアログボックス起動ツール]をクリックします。[表示形式]タブで❶、[ユーザー定義]を選択します❷。[種類]に「000」と入力して❸、[OK]ボタンをクリックします❹。

No. 020 「4月1日」のような日付を入力するにはどうする?

資料作成で日付を入力する場面は数多くありますが、「○月○日」の形式でカンタンに入力する方法があります。「4/1」または「4-2」のように入力すると「4月1日」と表示されるほか、現在の西暦情報も追加されます。

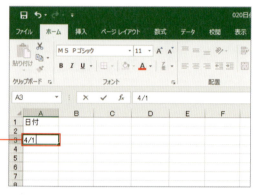

1 「4/1」と入力して Enter キーを押す

2 「4月1日」と表示された

「2015/4/1」のように入力すれば、年号も指定できます。

3 数式バーを見ると年号も格納されている

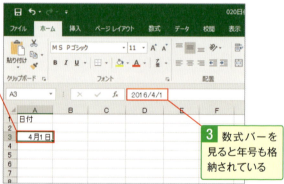

⬆ スキルアップ　日付はシリアル値

日付を入力すると自動的に「○月○日」のような表示形式が設定されますが、Excel内部で日付はシリアル値という数値で処理されます。1900年1月1日を表すシリアル値が「1」で、1日ごとにシリアル値が「1」ずつ増えます。

No. 021 「1/2」のような分数がうまく入力できなくて困っている

セル内に「1/2」などの分数を表示したくても、そのまま入力すると「1月2日」のような日付形式に変換されてしまいます。このようなときは「0」(ゼロ)のあとに半角スペースを入力し、続けて「1/2」と入力するのです。

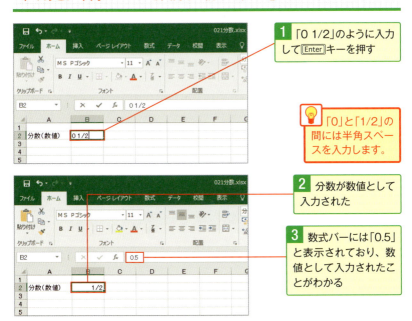

1 「0 1/2」のように入力して Enter キーを押す

💡 「0」と「1/2」の間には半角スペースを入力します。

2 分数が数値として入力された

3 数式バーには「0.5」と表示されており、数値として入力されたことがわかる

⬆スキルアップ 分数を文字列として入力するには

分数を文字列として入力することもできます。その際は「'1/2」のように、分数の先頭に「'」(アポストロフィ)を入力してください。

⬆スキルアップ 入力後に表示形式を変更する

数値を入力したあとでも分数として表示できます。「0.5」と入力してから[ホーム]タブで[数値]グループにある[表示形式]の▼をクリック。表示されたメニューから[分数]を選択すると「1/2」と表示されます。

No. 022 「1-2」「'」「(1)」「/」はどうすれば入力できる？

セルに半角で「1-2」、「'」、「(1)」、「/」を入力しても、通常はその通りに表示されません。これで困ったユーザーもいるのではないでしょうか。基本的にこうした文字列をそのまま表示するには、すべて先頭に「'」を入力します。

1 「'」に続けて「1-2」と入力すると、日付に変換されずにそのまま表示される

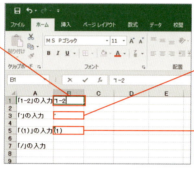

2 「'」を2つ続けて「''」のように入力すると「'」が表示される

3 「'(1)」と入力すると「-1」ではなく「(1)」が表示される

4 セルの先頭で「/」を入力すると、セルに何も入力されない

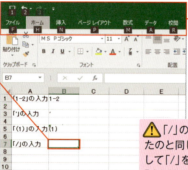

5 メニューキー機能が呼び出されてタブに英字が表示される

⚠️ 「/」の入力は Alt キーを押したのと同じ動作です。文字列として「/」を入力するには、先頭に「'」を付けて「'/」と入力します。

⊕スキルアップ 書式設定を［文字列］にすると入力できる

セルの書式設定を［文字列］に変更すると「1-2」などを「'」なしで入力できます。入力するセルを選択した状態で［ホーム］タブを選択し、［数値グループ］の［表示形式］の▼をクリックして［文字列］を選択しましょう。これで、そのセルには「1-2」「(1)」などをそのまま入力できるようになります。

No. 023 「2^8」や「H_2O」のような上付き・下付き文字の入力ワザ

Excelでは「2^8」のような上付き文字や「H_2O」のような下付き文字も入力できますが、コツがあります。数値のままだと上付き・下付き文字にできないので、先頭に「'」を入力して文字列にしてから設定しましょう。

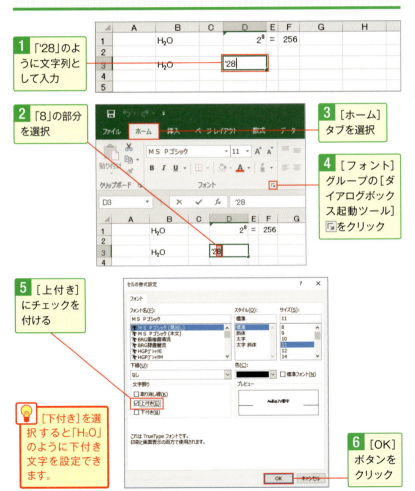

1 「'28」のように文字列として入力

2 「8」の部分を選択

3 [ホーム]タブを選択

4 [フォント]グループの[ダイアログボックス起動ツール]をクリック

5 [上付き]にチェックを付ける

💡 [下付き]を選択すると「H_2O」のように下付き文字を設定できます。

6 [OK]ボタンをクリック

No. 024 メールアドレスやURLがリンクになってしまう!?

名簿などの作成時、メールアドレスやURLを入力するとハイパーリンクが作られます。クリックするとメールソフトやWebブラウザが起動してしまいますが、これを解除したいユーザーもいるのではないでしょうか。

1 セルにポインターを合わせてからマウスを左下に動かす

2 表示された[オートコレクトオプション]ボタンをクリック

3 [ハイパーリンクを自動的に作成しない]を選択

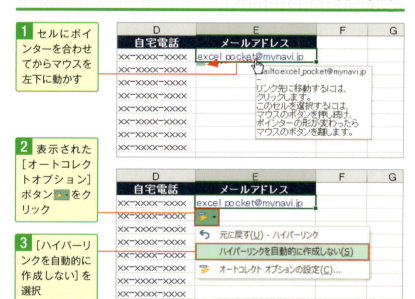

↑スキルアップ オプションから設定を変える

あらかじめ設定を変更しておくと、個別にハイパーリンクを解除する必要がなくなります。[Excelのオプション]画面(40ページ参照)の[文章校正]で[オートコレクトのオプション]ボタンをクリックします。[入力オートフォーマット]タブで❶、[インターネットとネットワークのアドレスをハイパーリンクに変更する]のチェックを外し❷、[OK]→[OK]とボタンをクリックします❸。

No.025 複数のセルに同じデータを一括入力できるとうれしい！

表を作っていると、同じデータを複数のセルにまとめて入力したい場面が出てきます。そのような場合は[Ctrl]キーを押しながら複数のセルを選択し、文字の入力後に[Ctrl]キーを押しながら[Enter]キーを押しましょう。

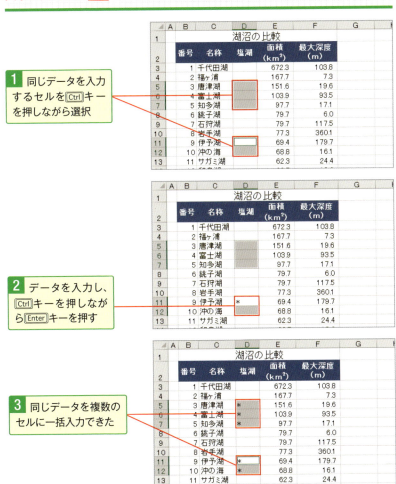

1 同じデータを入力するセルを[Ctrl]キーを押しながら選択

2 データを入力し、[Ctrl]キーを押しながら[Enter]キーを押す

3 同じデータを複数のセルに一括入力できた

No. 026 小数点を自動追加してスピーディに数字を入力

細かな数値を大量に入力するような作業では、小数点を入力する手間です ら惜しい場合があります。そのような際は自動的に小数点を追加する設定 を行うとよいでしょう。作業後は設定を元に戻すのを忘れないように！

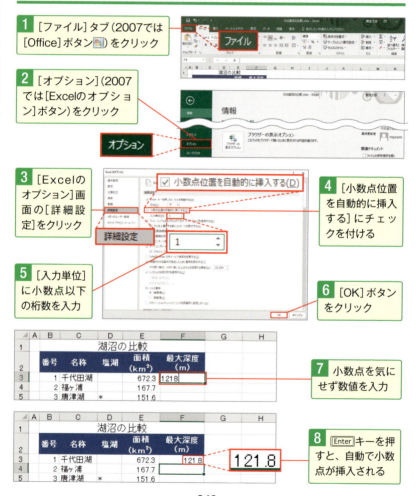

1 [ファイル]タブ（2007では[Office]ボタン）をクリック

2 [オプション]（2007では[Excelのオプション]ボタン）をクリック

3 [Excelのオプション]画面の[詳細設定]をクリック

4 [小数点位置を自動的に挿入する]にチェックを付ける

5 [入力単位]に小数点以下の桁数を入力

6 [OK]ボタンをクリック

7 小数点を気にせず数値を入力

8 Enterキーを押すと、自動で小数点が挿入される

No. 027 Excelを使いこなすなら必須！連続したデータを入力する

選択中のセルの右下を見ると「フィルハンドル」と呼ばれる小さな■があります。これをドラッグすればデータを連続して入力できます。これは「オートフィル」と呼ばれる機能で、必ず覚えておきたいテクニックです。

基本的な連番の入力を行う

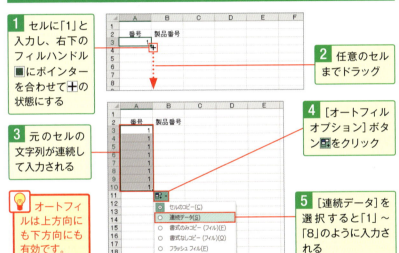

1 セルに「1」と入力し、右下のフィルハンドル■にポインターを合わせて✚の状態にする

2 任意のセルまでドラッグ

3 元のセルの文字列が連続して入力される

4 [オートフィルオプション]ボタンをクリック

5 [連続データ]を選択すると「1」～「8」のように入力される

💡 オートフィルは上方向にも下方向にも有効です。

2つの数値に差がある場合でもOK

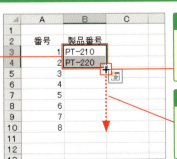

1 2つの連続したセルに、任意の差を持ったデータを入力

2 2つのセルを選択し、フィルハンドル■にポインターを合わせて✚の状態にする

3 連続入力する最後のセルまでドラッグ。ここでは10ずつ増える連続データが入力される

No. 028 オリジナルの連続データを登録するには？

前ページで「オートフィル」について解説しましたが、このテクニックでは曜日や干支といった連続データも入力できます。ほかに仕事などで**よく入力する連続データ**があるようなら、登録してみてはいかがでしょうか。

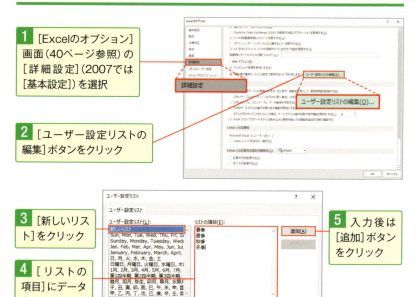

1. [Excelのオプション]画面（40ページ参照）の[詳細設定]（2007では[基本設定]）を選択
2. [ユーザー設定リストの編集]ボタンをクリック
3. [新しいリスト]をクリック
4. [リストの項目]にデータを入力（1行に1項目）
5. 入力後は[追加]ボタンをクリック
6. [OK]ボタンをクリック
7. セルに「夏季」と入力してオートフィルを実行すると、「秋季」「冬季」と連続データが入力される

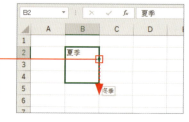

💡 オートフィルは、リスト内のどの項目から開始しても有効です。

No.029 以前入力したことのあるデータを素早く入力したい！

Excelは「オートコンプリート」機能を備え、以前入力したデータを表示し、それをそのまま入力できます。ただし表示されるのは同じ列の同じデータ範囲に限られます（同じ列でも間に空白セルがあると働かない）。

1 セルへの入力中に、文字列が補完されて表示されるので、それでよければ[Enter]キーを押す

💡 入力中のセルと同じ列にある文字で、先頭が一致しているものが表示されます。

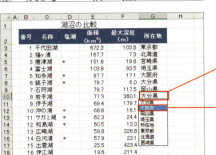

2 入力中に[Alt]キーを押しながら[↓]キーを押すと、同じ列に入力したデータが表示される

3 リスト内の項目は[↓]キーや[↑]キーで選択し、[Enter]キーで確定する

⊕トラブル解決 オートコンプリートがわずらわしい！

オートコンプリートがわずらわしい場合は、この機能をオフにできます。[Excelのオプション]画面（40ページ参照）の[詳細設定]を選択し❶、[オートコンプリートを使用する]のチェックを外して❷、[OK]ボタンをクリックします。

No. 030 すぐ上や左にあるセルと同じデータを速攻で入力する

大量のデータ入力は手間のかかる作業。すぐ上のセルや、すぐ左のセルと同じデータを入力する際に便利なショートカットがあります。Ctrlキーを押しながらDキーかRキーを押してみましょう。

すぐ上のセルと同じ内容を入力する

Ctrlキーを押しながらDキーを押すと、上のセルの文字列が入力される

すぐ左のセルと同じ内容を入力する

Ctrlキーを押しながらRキーを押すと、左のセルの文字列が入力される

◆スキルアップ
複数のセルを選択しても入力できる

このショートカットキーは、複数のセルにも有効です。たとえばB23〜G23のセル範囲を選択し、Ctrlキーを押しながらDキーを押すと❶、全セル範囲に上のセルと同じデータが入力されます。

No.031 セルへの入力を確定したあとは右のセルへ移動したい！

上から下へとデータを入力しているならともかく、左から右へとデータを入力することが多いなら、入力の確定後に選択セルが右へ移動すると便利です。設定で移動先を変更できるので、試してみるとよいでしょう。

入力したデータも設定した書式もすべてクリアする

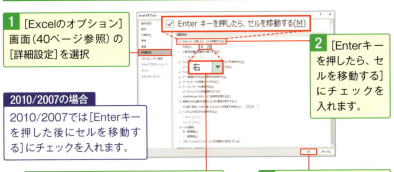

1 [Excelのオプション]画面（40ページ参照）の[詳細設定]を選択

2 [Enterキーを押したら、セルを移動する]にチェックを入れます。

2010/2007の場合
2010/2007では[Enterキーを押した後にセルを移動する]にチェックを入れます。

3 [方向]の▼をクリックして[右]を選択

4 [OK]ボタンをクリック

◎スキルアップ キーを使って移動する

シート内では下のようなショートカットキーを使って移動することができます。

キー	移動先
Enterキー	下のセル（既定）
Tabキー	右のセル
Shiftキー+Enterキー	Enterキーと逆方向のセル
Shiftキー+Tabキー	Tabキーと逆方向のセル
Ctrlキー+→キー （Ctrlキー+←キー）	右端（左端）のセル。その方向にデータがあるときは、データのあるセル。連続してデータが入力されている範囲内では、その範囲の右端（左端）のセル
Ctrlキー+↓キー （Ctrlキー+↑キー）	下端（上端）のセル。その方向にデータがあるときは、データのあるセル。連続してデータが入力されている範囲内では、その範囲の下端（上端）のセル
Homeキー	行の先頭（A列）のセル
Ctrlキー+Homeキー	シートの先頭（A1）のセル
Ctrlキー+Endキー	データが入力されている範囲の右下隅のセル

No. 032 特定のセルで日本語入力が常にオンになると効率的!

英数字ではなく必ず日本語を入力したいセル（行や列）がないでしょうか。そのような際にいちいち日本語入力のオン・オフを切り替えるのは面倒です。あらかじめ文字入力の方法を指定しておくとよいでしょう。

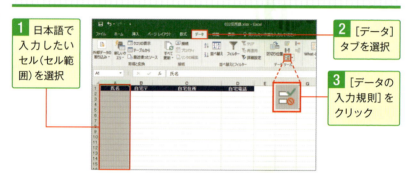

1 日本語で入力したいセル（セル範囲）を選択

2 [データ]タブを選択

3 [データの入力規則]をクリック

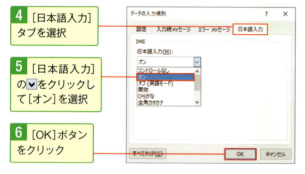

4 [日本語入力]タブを選択

5 [日本語入力]の▼をクリックして[オン]を選択

6 [OK]ボタンをクリック

💡 この設定を行ったセルを選択すると、自動的に日本語入力がオンに切り替わります。

🔼 スキルアップ
カタカナ入力を指定する

[データの入力規則]ダイアログボックスの[日本語入力]タブでは、日本語入力をオフにしたりカタカナや英数字を入力したりするように指定できます❶。

第3章
思い通りの表に仕上げる セル編集ワザ

Excel操作のポイントといえば、やはり「セル」です。このマス目を自在に操れると、データの整理もスマートに行えるようになります。ここでは思い通りの表を作成するためのテクニックを解説。Excelを使った資料作成のキホンを覚えていきましょう。

No. 033 過ちは素直に認めて行った操作を元に戻したい！

Excelで行った操作は簡単に元に戻せます。まとめて元に戻す方法もあるので、覚えておきましょう。なお、複数のブックを交互に編集していた場合、両ブックで行った操作を順番に戻すので、注意してください。

行った操作をひとつ元に戻す

1 クイックアクセスツールバーの[元に戻す]ボタンをクリック

2 操作がひとつ元に戻った

💡 [Ctrl]キー＋[Z]キーを押してもやり直しできます。

行った操作をまとめて元に戻す

1 クイックアクセスツールバーの[元に戻す]の▼をクリック

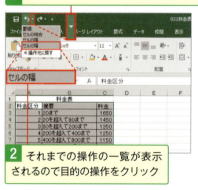

2 それまでの操作の一覧が表示されるので目的の操作をクリック

3 クリックしたところまで操作が元に戻った

No. 034 元に戻しすぎたそのときは!? 操作をやり直ししよう

[元に戻す]ボタンや Ctrl キー＋ Z キーで調子よく操作を元に戻していると、つい戻しすぎてしまうことがあります。そんなときは戻した操作をもう一度「やり直し」。「元に戻す」とセットで覚えておきましょう。

いったん元に戻した操作をやり直す

1 クイックアクセスツールバーの[やり直し]ボタンをクリック

2 元に戻した操作がひとつやり直された

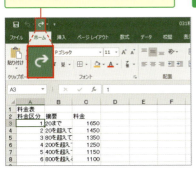

💡 Ctrl キー＋ Y キーを押してもやり直しできます。

元に戻した操作をまとめてやり直す

1 クイックアクセスツールバーの[やり直し]の▼をクリック

2 元に戻した操作の一覧が表示されるので目的の操作をクリック

◎スキルアップ　直前の操作を繰り返す

直前の操作を繰り返すには F4 キーを押します。繰り返しは何回でも続けて行えます。また、ショートカットキー（ Ctrl キー＋ Y キー）は、やり直す操作がないときは直前の操作の繰り返しになります。入力やファイル関連シートの追加やシート見出しの変更などのように、繰り返せない操作もあります。

No.035 広大なシートを使いこなす！広い範囲を選択したい

セルを広い範囲で選択したい場合、ひたすらシートを移動してもいいですが、Shiftキーを使うか、直接セル番地を指定する方法があります。なお、選択するセルの範囲を「セル範囲」と呼ぶので覚えておきましょう。

Shiftキーを使って広い範囲を選択する

1 選択する範囲の隅にあたるセルを選択

2 Shiftキーをを押しながら対角にあたるセルをクリックすると、そのセル範囲を選択できる

名前ボックスを使って広い範囲を選択する

1 名前ボックスにセル番地をコロン「：」で区切って入力

2 Enterキーを押すと、指定したセル範囲が選択される

No.036 シート・表・行・列の単位でセルを素早く選択するには?

複数のセルの設定をまとめて行いたい場合、シート・表・行・列といった単位でセルを選択する必要があります。そのような際は、カンタンに選択できるテクニックを有効活用しましょう。作業がぐっとラクになります。

シート全体を選択する

全セルを選択するには、[全セル選択]ボタン をクリック

💡 表内のセルが選択中の場合は[Ctrl]キー+[A]キーを2回押すか長押しする手もあります。

表を素早く選択する

作成した表を選択するには、表の中のセルを選択して[Ctrl]キー+[A]キーを押す

行全体を選択する

行を選択するには、行番号の部分をクリック

💡 列を選択するには、列番号の部分をクリックします。

No.037 数式が入力されたセルだけをまとめて選択できると便利!

セルを選択する際に条件を指定することも可能です。たとえば空白のセルをまとめて選択することで、一気に文字を入力したりできます。ここでは数式が入力されたセルを検索し、まとめて選択してみましょう。

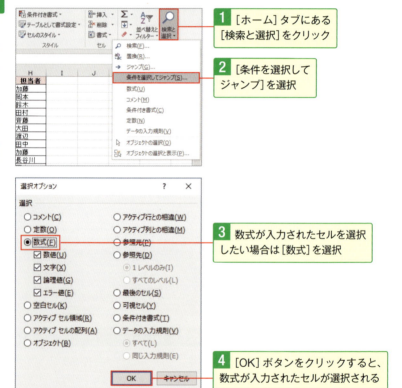

1. [ホーム]タブにある[検索と選択]をクリック
2. [条件を選択してジャンプ]を選択
3. 数式が入力されたセルを選択したい場合は[数式]を選択
4. [OK]ボタンをクリックすると、数式が入力されたセルが選択される

⬆スキルアップ [定数]でデータを選択できる

[選択オプション]画面の[定数]を選択すると、数値や文字列などのデータが入力されたセルを選択できます。

No.038 思い通りの表を作る第一歩！行や列を挿入・削除するには

表を作成していると、たいてい列（縦方向）や行（横方向）を追加したい場面が出てきます。その際はリボンからメニューを選ぶか、列番号や行番号を右クリックするか、どちらかの方法で行いましょう。

リボンから列や行を挿入するには

1. 挿入したい位置のセルを選択
2. ［ホーム］タブにある［挿入］の▼をクリック
3. ［シートの列を挿入］を選択

💡 行の挿入は［シートの行を挿入］を選択します。

4. 選択したセルの左側に列が挿入される

💡 列や行を削除するには［削除］の▼をクリックし、［シートの列を削除］か［シートの行を削除］を選択します。

右クリックして直接挿入・削除するには

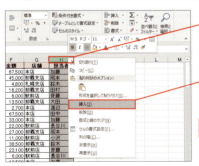

1. 列番号を右クリック
2. ［挿入］または［削除］を選択

💡 行の場合は行番号を右クリックして同様の操作を行います。

No.039 移動する方向に注意しよう！表の中でセルを挿入・削除

表の中でセルを挿入したり削除する操作は、特に難しいものではありません。ただし操作の結果、周囲のセルが移動してしまうため、その移動方向が右または下なのか、左または上なのか指定する際は注意しましょう。

セルを挿入するには

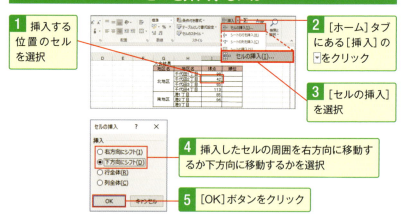

1 挿入する位置のセルを選択

2 [ホーム]タブにある[挿入]の⊡をクリック

3 [セルの挿入]を選択

4 挿入したセルの周囲を右方向に移動するか下方向に移動するかを選択

5 [OK]ボタンをクリック

セルを削除するには

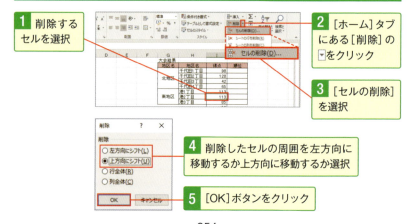

1 削除するセルを選択

2 [ホーム]タブにある[削除]の⊡をクリック

3 [セルの削除]を選択

4 削除したセルの周囲を左方向に移動するか上方向に移動するか選択

5 [OK]ボタンをクリック

No.040 作業の妨げになる行や列は一時的に隠しておく

表の作成時に、数値を参照するための行や列を用意することがあります。そうしたデータは削除せず、人に見せる際は非表示にするといいでしょう（2通りの方法があります）。非表示にした行や列は印刷されません。

リボンの[表示設定]から列や行を非表示にする

1 非表示にする列のセルを選択

💡 行の場合は[行を表示しない]を選択します。

2 [ホーム]タブの[書式]をクリック

3 [非表示/再表示]→[列を表示しない]を選択

非表示にした列や行を再表示するには

1 列番号の部分をドラッグして非表示になっている列を含む複数列を選択

💡 行の場合は[行の再表示]を選択します。

2 [ホーム]タブの[書式]をクリック

3 [非表示/再表示]→[列の再表示]を選択

列番号・行番号から非表示にする方法

1 列番号を右クリック

💡 行の場合は行番号を右クリックして[非表示]を選択します。

2 [非表示]を選択

No.041 列の幅や行の高さを任意のサイズに調整したい！

セルのサイズが小さすぎると、入力した文字列の一部が隠れてしまいます。そのような場合は**列の幅や行の高さを調整する**といいでしょう。**ドラッグして広げる方法**と、**ダブルクリックして自動調整する方法**があります。

列の幅を広げる

1. 列番号の右端にポインターを合わせる
2. ✥になったら右にドラッグ

💡 幅を狭くするには、左にドラッグします。

列の幅を自動調整する

1. 列番号の右端でポインターが✥になったらダブルクリック
2. その列の一番文字数の多いセルに合わせて幅が自動調整される

💡 ここではB列からD列までの3列を選択しているので、3列同時に幅が自動調整されました。

⬆スキルアップ 行の高さは行番号の下端をドラッグして変更

行の高さはフォントのサイズに合わせて自動調整されますが、任意の高さに変更するには行番号の下端をドラッグします。

No.042 セルの移動やコピーを正しく行うには？

シート内の表を別の位置に移動したい場合は、切り取り→貼り付けの操作を行います。移動ではなくコピーしたい場合はコピー→貼り付けの操作を行いましょう。その際はショートカットキーを使うと便利です。

いったん元に戻した操作をやり直す

1 対象のセルを選択

2 [ホーム]タブを選択

3 移動するには[切り取り]をクリックするか、Ctrlキー+Xキーを押す

💡 コピーするには[コピー]をクリックするか、Ctrlキー+Cキーを押します。

4 切り取る（コピーする）範囲が点線で囲まれた

5 移動先のセルを選択

6 [ホーム]タブを選択

7 [貼り付け]ボタンをクリック

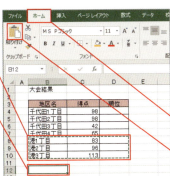

⬆ スキルアップ　コピーしての貼り付けは連続して行える

移動の場合は貼り付けを行うと元のセルがクリアされますが、コピーの場合は[貼り付け]をクリックしてもコピー元が点線で囲まれたままで、この状態の間は何回でも貼り付けができます。

No. 043 コピーしたセルを表内の別の場所に挿入したい！

表を作っていると、単にセルを移動・コピーして貼り付けるだけでなく、それを**表内に挿入したい**場面も出てきます。その際は**挿入先にもともとあったセルが右か下にずれる**ので、移動方向を正しく指定してください。

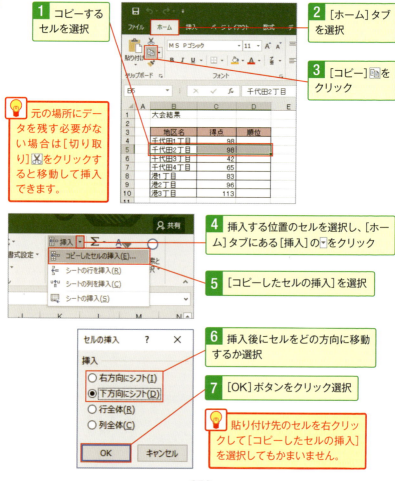

1. コピーするセルを選択
2. ［ホーム］タブを選択
3. ［コピー］をクリック

💡 元の場所にデータを残す必要がない場合は［切り取り］をクリックすると移動して挿入できます。

4. 挿入する位置のセルを選択し、［ホーム］タブにある［挿入］の▼をクリック
5. ［コピーしたセルの挿入］を選択
6. 挿入後にセルをどの方向に移動するか選択
7. ［OK］ボタンをクリック選択

💡 貼り付け先のセルを右クリックして［コピーしたセルの挿入］を選択してもかまいません。

No.044 作成したあとでも大丈夫！表の行と列を瞬時に入れ替え

表の作成後に「行と列を逆にすればよかった……」と気付くことがあります。そんなときでも再作成する必要はありません。ここではコピーした表の行と列を入れ替えて貼り付けるテクニックを紹介しましょう。

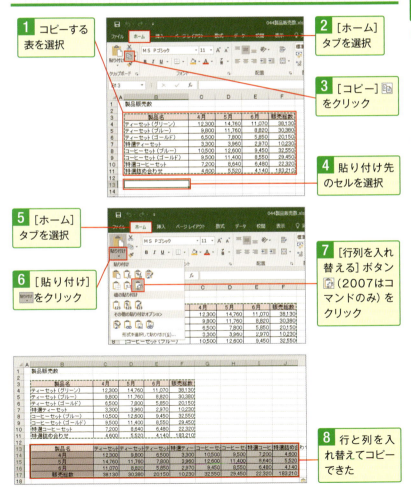

No. 045 非表示にしたはずの行や列もコピーされてしまう

55ページでは行や列を非表示にするテクニックを解説しましたが、コピー→貼り付け操作を行うと非表示の部分も含めてデータが複製されてしまいます。非表示の部分をコピーしたくない場合はひと手間が必要です。

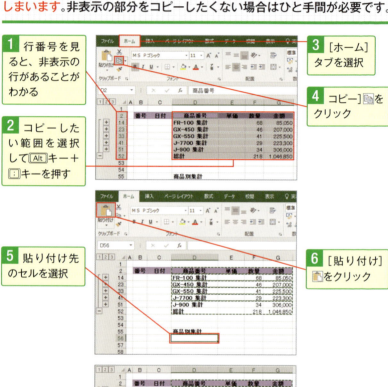

1. 行番号を見ると、非表示の行があることがわかる
2. コピーしたい範囲を選択して[Alt]キー＋[;]キーを押す
3. [ホーム]タブを選択
4. [コピー]をクリック
5. 貼り付け先のセルを選択
6. [貼り付け]をクリック
7. 表示されている範囲だけがコピーされた。[Esc]キーを押してコピー範囲の指定を解除する

No.046 複数のデータを使い回すなら クリップボードを表示しよう

通常、コピーできるデータは1つだけですが、Officeに搭載されている「クリップボード」機能を利用すると、**複数のデータをコピーしておけます**。まずは**[クリップボード]ウィンドウの表示方法**から解説しましょう。

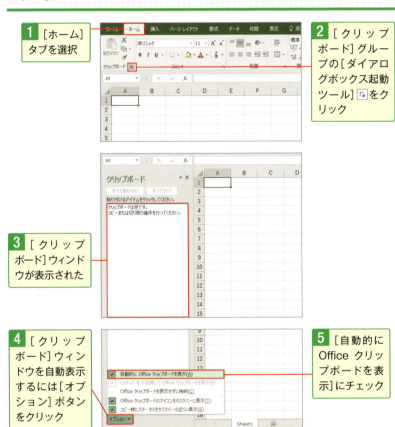

1 [ホーム]タブを選択

2 [クリップボード]グループの[ダイアログボックス起動ツール]をクリック

3 [クリップボード]ウィンドウが表示された

4 [クリップボード]ウィンドウを自動表示するには[オプション]ボタンをクリック

5 [自動的に Office クリップボードを表示]にチェック

6 [Esc]キーを押す。これで[Ctrl]キー+[C]キーを2回押すと[クリップボード]ウィンドウが表示される

No.047 クリップボードに保存した複数データから選んで貼り付け

［クリップボード］ウィンドウの表示後は（前ページ参照）、コピー操作を行うたびに同ウィンドウにデータが追加されていきます。貼り付けしたい場合は［クリップボード］ウィンドウから項目をクリックしましょう。

［クリップボード］に保存したデータを入力

1 ［クリップボード］ウィンドウの表示後はコピー操作を行うと、そのコピー内容が表示される

2 コピー内容を貼り付けるには、貼り付け先のセルを選択

3 貼り付けたい項目をクリック

［クリップボード］の内容を整理するには

1 項目を削除するには、項目の右の▼をクリック

2 ［削除］を選択

💡 24個を超えると古いものから削除されます。

⬆スキルアップ ［クリップボード］が非表示の場合

［クリップボード］ウィンドウが非表示の状態でもコピーの履歴を保存できます。［オプション］をクリックし❶、［Officeクリップボードを表示せずに格納］にチェックを入れましょう❷。

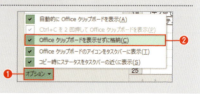

No. 048 セルの内容を元のクリアな状態に戻して作業したい

資料を作成していたものの「元のまっさらな状態のセルでやり直したい」と思うことはないでしょうか。単にデータを削除しただけだと書式の情報が残ってしまいます。すべてクリアする方法を解説しましょう。

入力したデータも設定した書式もすべてクリアする

1. クリアするセルを選択
2. [ホーム]タブを選択
3. [クリア]をクリック
4. [すべてクリア]を選択
5. データも書式もすべて削除される

設定した書式だけをクリアする

1. 書式をクリアするセルを選択
2. [ホーム]タブを選択
3. [クリア]をクリック
4. [書式のクリア]を選択
5. データはそのまま残り、書式だけがクリアされる

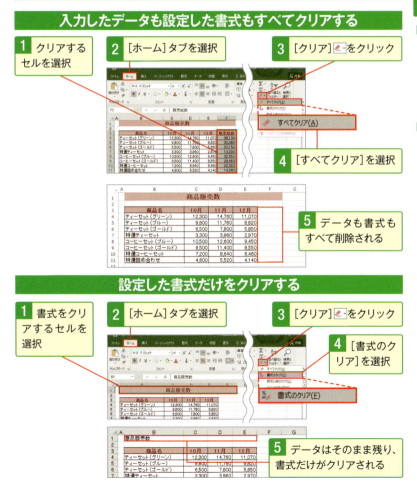

No. 049 Excelの広大なシートから特定のデータを探し出すには

シート内で任意の文字列を探す際は[検索と置換]画面から行います。[すべて検索]をクリックすると検索結果がまとめて表示されて便利です。また[オプション]をクリックすると細かな検索条件を指定できます。

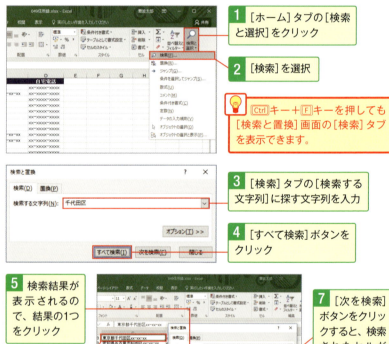

1 [ホーム]タブの[検索と選択]をクリック

2 [検索]を選択

💡 Ctrlキー＋Fキーを押しても[検索と置換]画面の[検索]タブを表示できます。

3 [検索]タブの[検索する文字列]に探す文字列を入力

4 [すべて検索]ボタンをクリック

5 検索結果が表示されるので、結果の1つをクリック

6 該当のセルが選択される

7 [次を検索]ボタンをクリックすると、検索されたセルが次々に選択される

8 目的のセルが選択されたら[閉じる]ボタンをクリック

No. 050 同じ誤りが何カ所にも散見！まとめて一気に修正したい

「○○営業所」と入力したデータがすべて間違っていて、正しくは「○○支店」だったような場合、置換を行えばまとめて修正できます。この置換は幅広いシーンで応用できるので、必ず使いこなせるようにしましょう。

1 [ホーム]タブの[検索と選択]をクリック

2 [置換]を選択

💡 Ctrlキー＋Hキーを押しても[検索と置換]画面の[置換]タブを表示できます。

3 [置換]タブの[検索する文字列]に探す文字列を入力

4 [置換後の文字列]に置き換え後の文字列を入力

💡 [置換]ボタンをクリックすると、置換するかを1つ1つ確認できます。

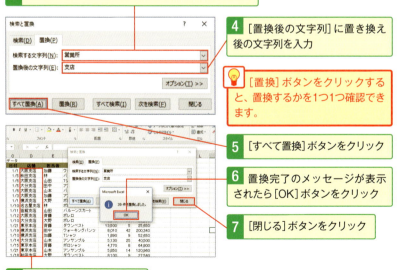

5 [すべて置換]ボタンをクリック

6 置換完了のメッセージが表示されたら[OK]ボタンをクリック

7 [閉じる]ボタンをクリック

8 文字列が置き換えられた

No.051 入力データをクリーニング！不要な空白をまとめて削除

取引先や上司からもらったデータを元に表を作成していると、ときどき**よけいな空白**が入力されていることがあります。こうしたスペースをまとめて削除するには、**置換機能を活用**するとスムーズです。

1 余分なスペースが入っている

2 [ホーム]タブの[検索と選択]をクリック

3 [置換]を選択

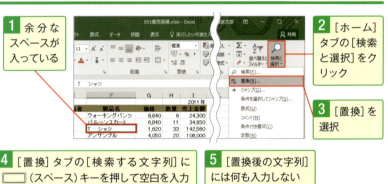

4 [置換]タブの[検索する文字列]に▢（スペース）キーを押して空白を入力

5 [置換後の文字列]には何も入力しない

6 [すべて置換]ボタンをクリック

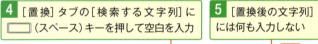

💡 初期状態では、検索・置換の際に全角と半角を区別しないので、入力する空白は全角でも半角でもかまいません。

7 置換完了のメッセージが表示されたら[OK]ボタンをクリック

8 [閉じる]ボタンをクリック

9 余分な空白が削除された

No.052 1つのセルに入力したデータを複数のセルに分けたい!

たとえば住所が入力されているセルを地名と丁・地番のセルに2分割したいことはないでしょうか。地名と丁・地番の区切りとしてスペースやカンマなど共通の文字列が入っていれば、カンタンに分割できます。

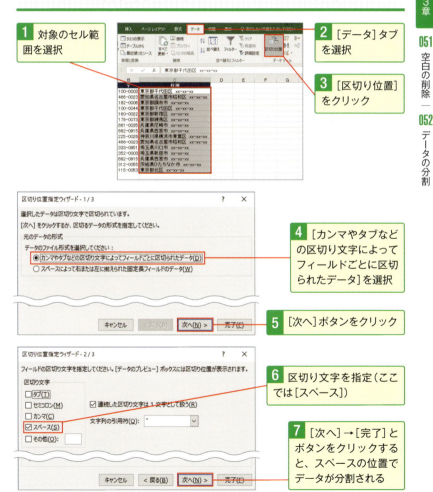

No. 053 セルの目盛線を消せば文書の仕上がりがイメージできる

セルの薄い目盛線（枠線）は表を作る目安として便利ですが、セルを細かく結合したり分割したりした複雑な構成の文書では、仕上がりイメージをつかむ妨げになってしまいます。そんなときは非表示にしてみましょう。

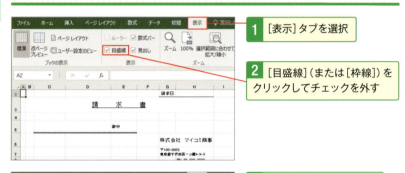

1 [表示]タブを選択

2 [目盛線]（または[枠線]）をクリックしてチェックを外す

3 目盛線が非表示になった

💡 目盛線を再表示するには[表示]タブの[目盛線]（または[枠線]）にチェックを付けます。

⬆ スキルアップ　目盛線の色を変える

目盛線の色を変えるには、[Excelのオプション]画面（40ページ参照）の[詳細設定]で❶、下の方にある[枠線の色] をクリックします❷。色を選択し❸、[OK]ボタンをクリックしましょう。

No.054 数式バー・行番号・列番号を非表示にして画面をスッキリ

Excelの画面をより広く使いたいときや、作業中に数式バー・行番号・列番号を使わないような場合は、これらを非表示にするといいでしょう。より作業に集中できます。元のように再表示するのもカンタンに行えます。

数式バーを非表示にする

1 [表示]タブを選択

2 [数式バー]のチェックを外す

3 数式バーが非表示になった

4 再表示するには[数式バー]にチェックを付ける

行番号・列番号を非表示にする

1 [表示]タブを選択

2 [見出し]をのチェックを外す

3 行番号・列番号が非表示になった

4 再表示するには[見出し]にチェックを付ける

No. 055 ウィンドウのサイズに合わせて選択範囲だけを拡大表示

データの気になる箇所だけをしっかりとチェックしたいなら、Excelウィンドウのサイズに合わせてセルの選択範囲を拡大・縮小表示する手があります。周囲のよけいなセルが目に入りにくくなるのがポイントです。

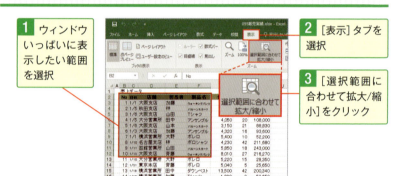

1 ウィンドウいっぱいに表示したい範囲を選択

2 [表示]タブを選択

3 [選択範囲に合わせて拡大/縮小]をクリック

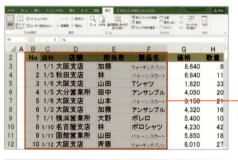

4 選択範囲がウィンドウサイズに合わせて拡大表示された

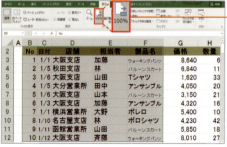

5 拡大/縮小した画面を元に戻すには[100%]をクリック

💡 このときは、どのセルがアクティブでもかまいません。

No.056 2つのブックを見比べて内容をじっくり精査したい

文書のチェック時は、2つのブックを同時に開いて内容を確認する場面もよくあるでしょう。その際はウィンドウを整列表示する機能を使います。表示したい2つのブックをあらかじめ開いておいてください。

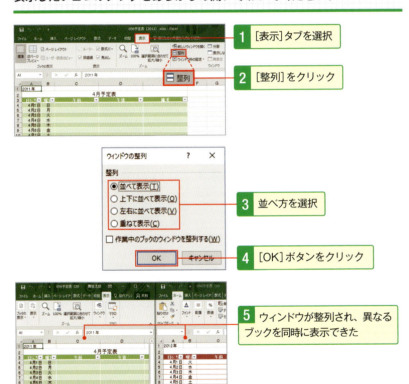

1. [表示]タブを選択
2. [整列]をクリック
3. 並べ方を選択
4. [OK]ボタンをクリック
5. ウィンドウが整列され、異なるブックを同時に表示できた

◎スキルアップ 並べたウィンドウを同時にスクロールする

ウィンドウを並べて表示したあとに[ウィンドウ]グループの[並べて比較]をクリックすると、複数のウィンドウを同時にスクロールできます。再度[並べて比較]をクリックすると元に戻ります。

No. 057 ブック内の異なるシートを同時に表示してチェックする

同じブック内にある複数のシートを同時に表示したいこともあります。それには前ページのテクニックと同じく[ウィンドウの整列]画面を使いますが、その前に新しいウィンドウを表示する操作が必要になります。

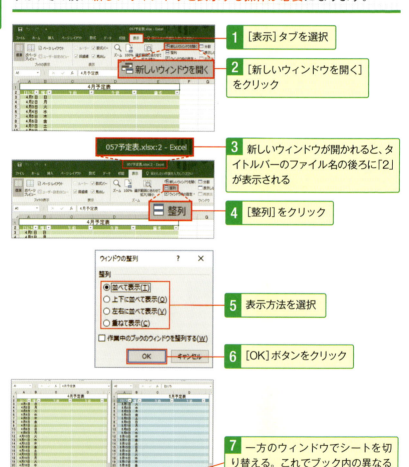

1 [表示]タブを選択

2 [新しいウィンドウを開く]をクリック

3 新しいウィンドウが開かれると、タイトルバーのファイル名の後ろに「2」が表示される

4 [整列]をクリック

5 表示方法を選択

6 [OK]ボタンをクリック

7 一方のウィンドウでシートを切り替える。これでブック内の異なるシートを同時に表示できた

第4章
書式ワザで文書のセンスがアップ！

ここからは作成した資料を見栄えのいい文書に仕上げていきます。文字やセルに色を付けて目立たせたり、配置を揃えたり、円記号や独自の単位を付けたりと、さまざまなテクニックを紹介します。ビジネス文書は装飾を最低限に控え、読みやすさを意識しましょう。

No. 058 文字の書体やサイズを整えて見栄えのよい資料を作りたい

Excel文書を見栄えよくしたい場合、まず文字の書体(フォント)やサイズを工夫しましょう。なお、ここでは結果がわかりやすいようにポップな書体にしましたが、ビジネスでは落ち着いた書体を選ぶのがセオリーです。

文字の書体を変えるには

1. セルを選択
2. [ホーム]タブをクリック
3. [フォント]の▽をクリック
4. リストの項目にポインターを合わせる
5. 選択したセルがそのフォントでプレビュー表示されるので、使用するフォントをクリック

文字のサイズを変えるには

1. セルを選択
2. [ホーム]タブをクリック
3. [フォントサイズ]の▽をクリック
4. リストの項目にポインターを合わせる
5. 選択したセルがそのサイズでプレビュー表示される

No. 059 表見出しの文字色を変えて資料をより見やすくするには

白黒で作られた文書は手堅いですが、そっけない印象を持たれます。要素によっては文字の色を変えて読みやすくする手間をかけましょう。ただし多くの色を使いすぎるのは逆効果。2～3色程度に抑えた方が無難です。

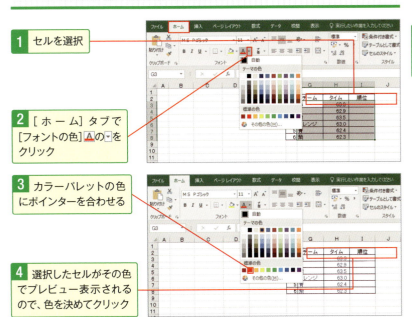

1 セルを選択

2 [ホーム]タブで[フォントの色]▲の▼をクリック

3 カラーパレットの色にポインターを合わせる

4 選択したセルがその色でプレビュー表示されるので、色を決めてクリック

⬆スキルアップ その他の色を選ぶ

カラーパレットに表示されている以外の色を選ぶには[フォントの色]▲の▼をクリックし、[その他の色]を選択します。[標準]タブで目的の色を選択して❶、[OK]ボタンをクリックしましょう❷。[ユーザー設定]タブを選択すると❸、好みの色を作成できます。

No.060 文字に太字・斜体・下線を施して重要箇所を強調したい

資料中で文字列の一部を強調したいときは、太字・斜体・下線といったスタイルを適用するのも手です。ただしこうしたスタイル自体はあまり見栄えのよいものではありません。最低限に留め、使い過ぎに注意しましょう。

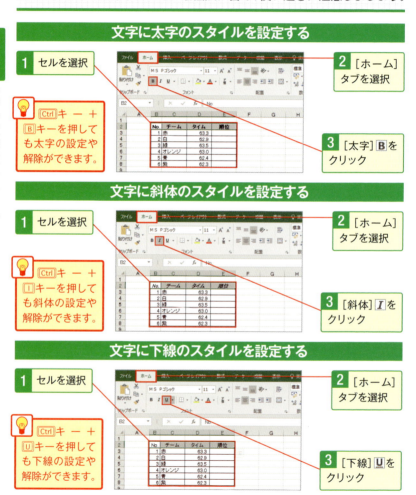

No.061 セルの背景に色を付けて伝わる資料に仕上げる!

セルに色を付けることで、表を見栄えよく仕上げられます。その際は75ページで解説した文字色の変更テクニックと組み合わせて、セル内の文字が読みにくくならないような配色を心がけてください。

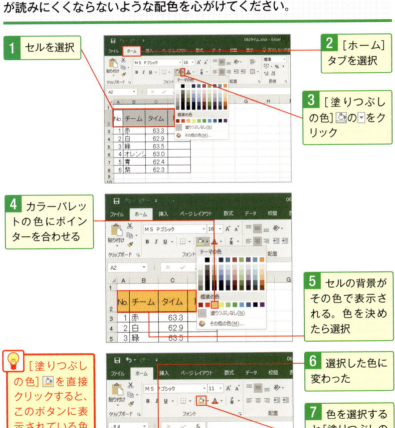

1 セルを選択
2 [ホーム]タブを選択
3 [塗りつぶしの色]の▼をクリック
4 カラーパレットの色にポインターを合わせる
5 セルの背景がその色で表示される。色を決めたら選択
6 選択した色に変わった
7 色を選択すると[塗りつぶしの色]の色も変わる

💡 [塗りつぶしの色]を直接クリックすると、このボタンに表示されている色でセルを塗りつぶせます。

No. 062 ビジネスではやり過ぎに注意!? セルにグラデーションを施す

セルにグラデーションを施すことも可能です。その際は色を2つ選びますが、色の組み合わせ次第ではイマイチな印象の資料になってしまいます。センスある文書を目指すなら、このテクニックは避けてもいいでしょう。

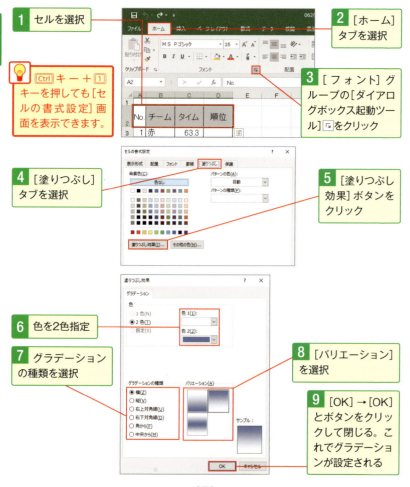

1 セルを選択

2 [ホーム]タブを選択

💡 [Ctrl]キー+[1]キーを押しても[セルの書式設定]画面を表示できます。

3 [フォント]グループの[ダイアログボックス起動ツール]をクリック

4 [塗りつぶし]タブを選択

5 [塗りつぶし効果]ボタンをクリック

6 色を2色指定

7 グラデーションの種類を選択

8 [バリエーション]を選択

9 [OK]→[OK]とボタンをクリックして閉じる。これでグラデーションが設定される

No.063 資料作成の仕上げは罫線を引いて表を見やすく！

表に罫線を引けば、セル同士の境界が明らかになるため、見やすくなります。ここでは表全体に**格子状の罫線を引く方法**と、**外枠を太くする方法**を解説しましょう。この機能はよく使うので、基本操作を押さえてください。

表全体に格子状の罫線を引く

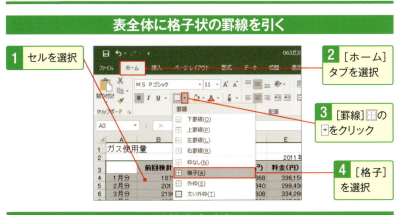

1. セルを選択
2. [ホーム]タブを選択
3. [罫線]の▼をクリック
4. [格子]を選択

外枠を太くする

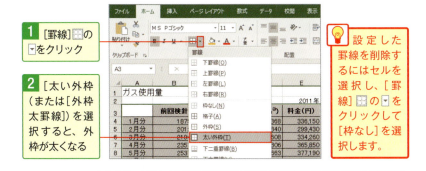

1. [罫線]の▼をクリック
2. [太い外枠(または[外枠太罫線])を選択すると、外枠が太くなる

💡 設定した罫線を削除するにはセルを選択し、[罫線]の▼をクリックして[枠なし]を選択します。

⊕スキルアップ 罫線の設定をまとめて行う

[罫線]の▼をクリックして[その他の罫線]を選択すると[セルの書式設定]画面が表示されます。[罫線]タブで色、線のスタイル、斜線などをまとめて設定できます。

No.064 罫線を細かくカスタマイズ！1本ずつ追加・削除する方法

前ページではおおまかな罫線の引き方を解説しました。ここでは**罫線を1本ずつ引く方法**と、**1本ずつ削除する方法**を紹介します。これでより自由に罫線を編集できるようになることでしょう。

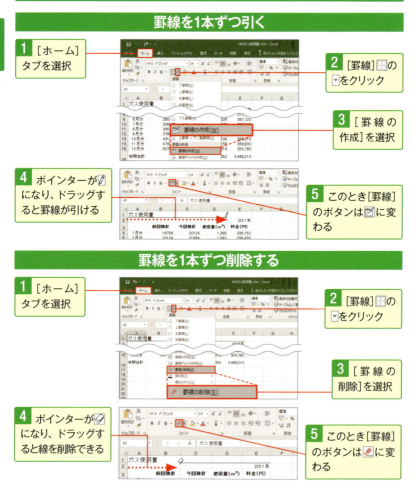

罫線を1本ずつ引く

1. [ホーム]タブを選択
2. [罫線]の▼をクリック
3. [罫線の作成]を選択
4. ポインターが鉛筆になり、ドラッグすると罫線が引ける
5. このとき[罫線]のボタンは変わる

罫線を1本ずつ削除する

1. [ホーム]タブを選択
2. [罫線]の▼をクリック
3. [罫線の削除]を選択
4. ポインターが消しゴムになり、ドラッグすると線を削除できる
5. このとき[罫線]のボタンは変わる

No.065 罫線の色や種類にこだわって魅せる表を目指そう

罫線には色を付けられるほか、点線や二重線といった種類に変更できます。これらを駆使すれば、より見やすい表に仕上げられるはずです。たとえば毎月の入力項目と、その合計量を区切るには二重線を使うと効果的です。

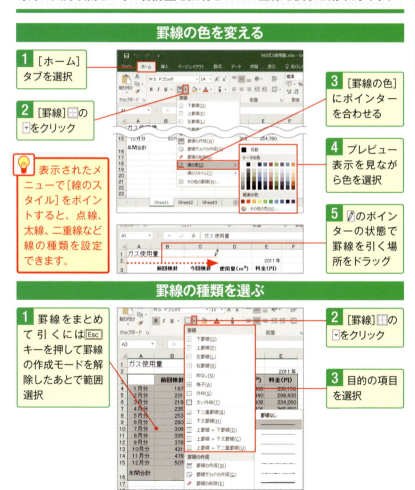

罫線の色を変える

1. [ホーム]タブを選択
2. [罫線]の▼をクリック
3. [罫線の色]にポインターを合わせる
4. プレビュー表示を見ながら色を選択
5. ✐のポインターの状態で罫線を引く場所をドラッグ

💡 表示されたメニューで[線のスタイル]をポイントすると、点線、太線、二重線など線の種類を設定できます。

罫線の種類を選ぶ

1. 罫線をまとめて引くには[Esc]キーを押して罫線の作成モードを解除したあとで範囲選択
2. [罫線]の▼をクリック
3. 目的の項目を選択

No.066 文字列の左右揃えや上下揃えを指定して見やすく配置する

表内で文字列が左右・上下で揃っていないと、何かばらばらな印象を相手に与え、データも説得力がなくなってしまいます。文字列は右・中央・左揃えを意識して指定しましょう。上・中央・下揃えも同様です。

文字を右揃え・中央揃えにする

1 セルを選択

2 [ホーム] タブを選択

3 [右揃え]をクリックすると右揃えに、[中央揃え]をクリックすると中央揃えになる

💡 設定したあと、再度同じボタンをクリックすると設定が解除されます。

文字を上揃え・下揃えにする

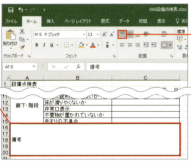

1 セルを選択

2 [上揃え]をクリックすると上揃えに、[下揃え]をクリックすると下揃えになる

💡 既定では上下中央揃えになっています。

⬆ スキルアップ 均等割り付けにするには?

文字をセル内で均等に割り付けるには、セルを選択して [配置] グループの [ダイアログボックス起動ツール] をクリックします。[セルの書式設定] 画面の [配置] タブで [横位置] のをクリックします。[均等割り付け (インデント)] を選択して [OK] ボタンをクリックすると、均等割り付けになります。

No.067 これだけで変わる資料の印象！文字を縦書きや斜め書きにする

セルに入力したデータは基本的に横書きですが、これを縦書きや斜め書きにできます。やや変則的なスタイルにはなるものの、かなり資料の印象が変わるので、入力するデータによってうまく活用したいテクニックです。

セルを縦書きにする

1 縦書きにしたいセルを選択

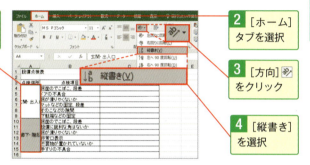

2 [ホーム]タブを選択

3 [方向]をクリック

4 [縦書き]を選択

セルの内容を斜めに表示する

1 斜め書きにしたいセルを選択

2 [方向]をクリック

3 設定したい項目を選択

4 [左回りに回転]を選択した結果、文字列が反時計回りに回転された

◎スキルアップ 角度を数値で指定したい！

表示の角度を数値で指定するには、セルを選択してから[配置]グループの[方向]をクリックし、[セルの配置の設定]を選択します。[配置]タブで角度を数値で入力し、[OK]ボタンをクリックしましょう。

No.068 セル内では文字列を改行して読みやすくするのが鉄則

セル内の情報量が多すぎると、セルの幅を広げただけではすべて表示しきれません。そうしたときはセル内で文字列を折り返すようにしましょう。内容によっては区切りのいいところで改行すると、読みやすくなります。

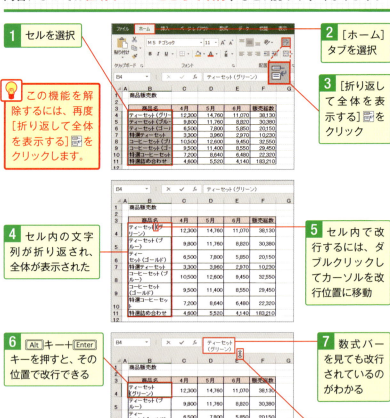

1 セルを選択

2 [ホーム]タブを選択

3 [折り返して全体を表示する]をクリック

💡 この機能を解除するには、再度[折り返して全体を表示する]をクリックします。

4 セル内の文字列が折り返され、全体が表示された

5 セル内で改行するには、ダブルクリックしてカーソルを改行位置に移動

6 [Alt]キー+[Enter]キーを押すと、その位置で改行できる

7 数式バーを見ても改行されているのがわかる

8 数式バーを2行にするには、列番号と数式バーの境を下にドラッグする

No. 069 セルの大きさに合わせて文字を小さく表示する便利ワザ

作成する文書の大きさによっては、文字列が隠れないようにセルの幅を広げるにも限界があります。そのような場合はセルのサイズに合わせて文字のサイズを縮小しましょう。設定からカンタンに行えます。

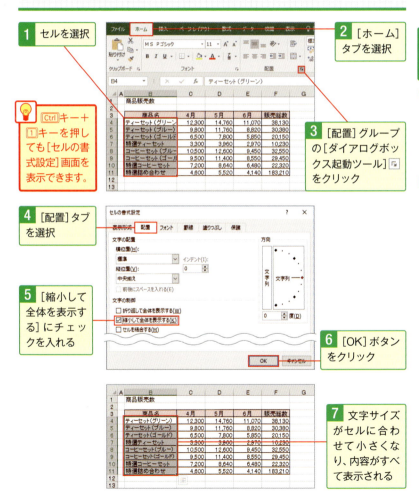

1 セルを選択

2 [ホーム]タブを選択

3 [配置]グループの[ダイアログボックス起動ツール]をクリック

💡 [Ctrl]キー+[1]キーを押しても[セルの書式設定]画面を表示できます。

4 [配置]タブを選択

5 [縮小して全体を表示する]にチェックを入れる

6 [OK]ボタンをクリック

7 文字サイズがセルに合わせて小さくなり、内容がすべて表示される

No. 070 インデント機能を使ってデータの先頭を1文字分空ける

もし何らかの理由でセルに入力した文字列の先頭を1文字分空けたいとき、先頭にスペースを入れるのは極力避けてください。データが使い回しにくくなります。この場合はインデント機能で調整するといいでしょう。

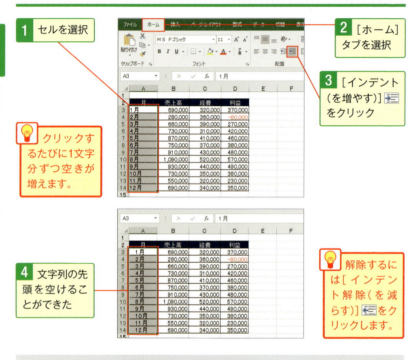

1 セルを選択
2 [ホーム]タブを選択
3 [インデント(を増やす)]をクリック
4 文字列の先頭を空けることができた

クリックするたびに1文字分ずつ空きが増えます。

解除するには[インデント解除(を減らす)]をクリックします。

⬆スキルアップ　セル内の文字列の末尾を揃える

セル内の文字列の末尾を揃えたいときは、インデントと右揃えを併用します。設定を行うセルを選択して[ホーム]タブを選択し❶、[右揃え]をクリックします❷。さらに[インデント]をクリックすると❸、列の末尾がそろいます❹。

No. 071 複数のセルを1つにまとめてデータを入力するという手法

Excelには複数のセルを1つに結合する機能が用意されています。思い通りの表を作成するには欠かせない重要テクニックですが、データが扱いにくくなるため、あまり乱用しないように心がけて活用しましょう。

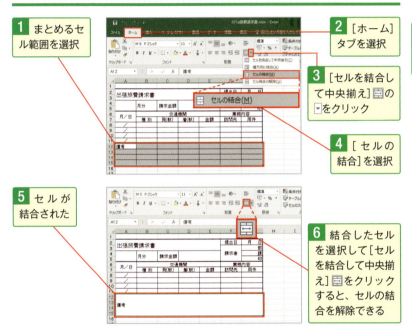

1. まとめるセル範囲を選択
2. [ホーム]タブを選択
3. [セルを結合して中央揃え]の▼をクリック
4. [セルの結合]を選択
5. セルが結合された
6. 結合したセルを選択して[セルを結合して中央揃え]をクリックすると、セルの結合を解除できる

⭐スキルアップ 文字が入力された複数のセルを結合すると?

結合しようとしたセル範囲に、データが入力されたセルが複数含まれる場合は❶、左上のセルのデータだけが残り、他のセルのデータは削除されています。その際はメッセージが表示されます❷。

No.072 複数のセルを1つに結合する！表のタイトルを見栄えよく作成

表の上部にタイトルを入力し、複数のセルを1つにまとめると、結合したセルの左右中央に文字列を配置できます。**表内の列幅を変えてもタイトルは常に表の中央に表示**されるようになるため、見栄えがよくなります。

1. 表の幅に合わせてセルを選択
2. ［ホーム］タブを選択
3. ［セルを結合して中央揃え］をクリック
4. タイトルを表の幅に合わせて中央揃えにできた

💡 結合したセルを選択して再度［セルを結合して中央揃え］をクリックすると、セルの結合が解除されます。

⬆スキルアップ セルを結合しないで中央揃えにする

セルを結合せずに表の幅に合わせて中央揃えにできます。セル範囲を選択し、［ホーム］タブの［配置］グループにある［ダイアログボックス起動ツール］をクリックします。［セルの書式設定］画面の［配置］タブで❶、［横位置］の⬇をクリックします❷。［選択範囲内で中央］を選択して❸、［OK］ボタンをクリックしましょう❹。

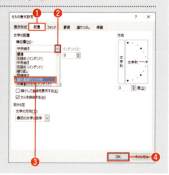

No. 073 数値にはカンマや円記号を付けるのがセオリー

数値計算に威力を発揮するExcelですが、その数字には桁区切りのカンマや、場合によっては円の通貨記号を加えると見やすくなります。その際は手動で「,」「¥」の記号を入力するのではなく、Excelの機能を使います。

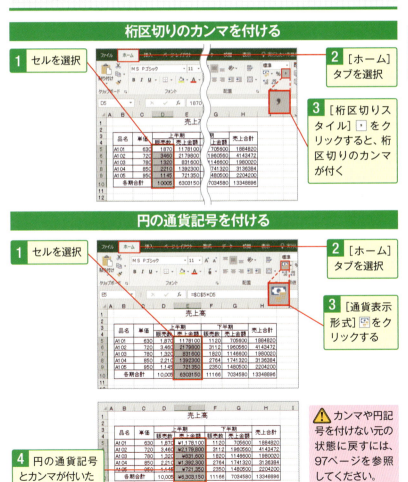

桁区切りのカンマを付ける

1 セルを選択
2 [ホーム]タブを選択
3 [桁区切りスタイル]をクリックすると、桁区切りのカンマが付く

円の通貨記号を付ける

1 セルを選択
2 [ホーム]タブを選択
3 [通貨表示形式]をクリックする
4 円の通貨記号とカンマが付いた

⚠ カンマや円記号を付けない元の状態に戻すには、97ページを参照してください。

No. 074 数値をパーセント表示して比率や割合を表すテクニック

数値を「%」(パーセント)で表示するには、リボンの[パーセントスタイル]をクリックします。その際は小数点以下の数字が隠れてしまうので、下のコラムを参考に小数点以下の表示桁数を指定しましょう。

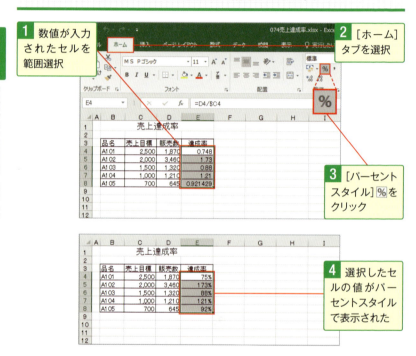

⬆ スキルアップ 小数点以下の桁数

パーセントスタイルの既定では小数点以下の桁を表示しません。小数点以下の桁数を変更するには[ホーム]タブの[小数点以下の表示桁数を増やす]または[小数点以下の表示桁数を減らす]をクリックします。

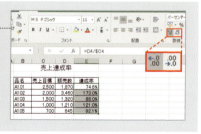

No.075 小数点以下の桁数を揃えて整理されたデータで見せる

集計した数値データによっては、小数点以下の桁数がバラバラだったりします。これらを統一するのに、入力した数値をわざわざ修正する必要はありません。リボン上のボタンを使って手軽に揃えられます。

1 設定するセルを選択

2 [ホーム]タブを選択

💡 桁数を増やすときは[小数点以下の表示桁数を増やす]をクリックします。

3 桁数を減らすときは[小数点以下の表示桁数を減らす]をクリック

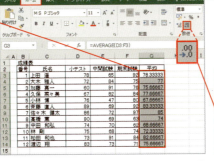

4 選択したセル範囲の小数点以下の桁数が揃った

⬆ スキルアップ

小数の桁数を数値で指定する

小数の桁数を数値で指定するには[数値]グループの[ダイアログボックス起動ツール]をクリックして[セルの書式設定]画面を表示します。[表示形式]タブで❶、[数値]を選択し❷、[小数点以下の桁数]を指定したら❸、[OK]ボタンをクリックします❹。

No.076 日付に西暦や和暦を表示！より信頼性の高い文書にする

34ページで解説した通り、日付を入力すると年号データも同時に格納されます。任意の年号を指定することも可能ですが、こうした西暦を表示する方法を紹介しましょう。和暦については下のコラムを参照してください。

1 日付に西暦を表示するには、日付データが入力されたセルを選択

2 [ホーム]タブを選択

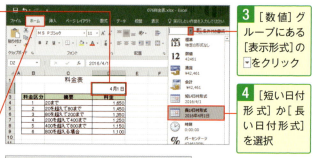

3 [数値]グループにある[表示形式]の▼をクリック

4 [短い日付形式]か[長い日付形式]を選択

5 西暦が表示された

⬆スキルアップ 年を和暦で表示するには

和暦で表示するにはセルを選択して[数値]グループの[ダイアログボックス起動ツール]をクリックします。[セルの書式設定]画面の[表示形式]タブで❶、[日付]を選択したら❷、[カレンダーの種類]で[和暦]を選択します❸。[種類]で適用する表示形式を選択して❹、[OK]ボタンをクリックします❺。[表示形式]のドロップダウンリストで[短い日付形式]か[長い日付形式]を選択したとき、和暦のスタイルが適用されます。

No. 077 「4月1日（月）」のように曜日付きの日付を表示したい

セルに「4月1日（月）」と表示するには、その表示形式を変えればいいだけですが、ユーザー定義の設定が必要になります。それさえ行えば、ただ「4/1」と入力したセルに「4月1日（月）」と表示できます。

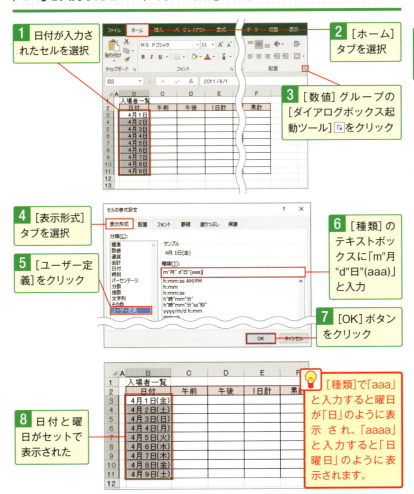

No. 078 「〇台」といった独自の単位を自動的に追加するテクニック

クルマの販売数をまとめた際に「〇台」のように表示すると、表のわかりやすさが増します。ただし自分で「台」を追加するとデータが正しく数字として扱われません。独自の単位を自動で補完する方法があります。

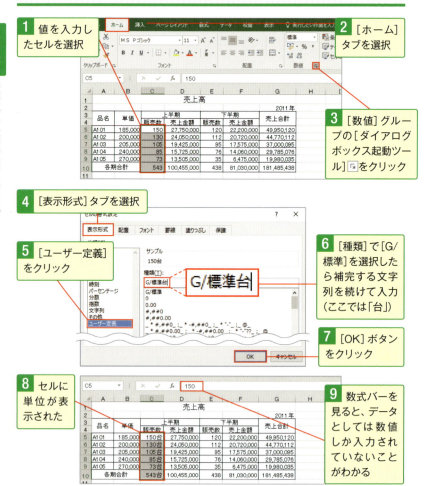

No. 079 ミニツールバーを表示してさまざまな書式を素早く設定!

書式の変更はリボンに用意されたボタンやメニューから行うのがキホンですが、より素早く行いたいならセルを右クリック。ミニツールバーが現れ、フォントの変更、罫線の設定、パーセント表示の設定などが行えます。

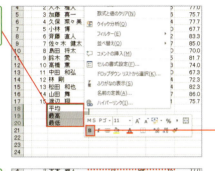

1 選択したセルを右クリック

2 表示されたミニツールバーのボタンをクリックして設定を行う

3 ボタンをクリックしたりすると、右クリックメニューが消える

4 ミニツールバーだけが残り、引き続き書式を設定できる

💡 [Enter]キーや[Esc]キーを押したり、ポインターを他の場所に移動したりすると、ミニツールバーが消えます。

🔼スキルアップ セルのデータの一部をミニツールバーで設定するには

セルをダブルクリックして設定を行いたい文字列を選択します❶。ポインターを上方向に動かすと（Excel 2016/2013の場合はポインターをセル内に置くと）、ミニツールバーが表示され❷、セル内の文字の書式を設定できます。

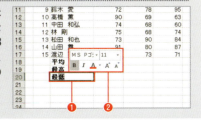

No.080 フォントや文字色などの書式を別のセルでも使い回す時短ワザ

フォント、文字サイズ、文字色、パーセント表示といった書式をコピーすることができます。その際、入力データはコピーされません。こうしたテクニックを覚えておけば、同じ書式をカンタンに別のセルに適用できます。

1 書式を設定したセルを選択

2 [ホーム]タブを選択

3 [書式のコピー/貼り付け]をクリック

4 ポインターがになるので、書式を貼り付けるセル範囲を選択

⚠ 書式のコピーをやめる場合は、[Esc]キーを押すか、[書式のコピー/貼り付け]ボタンを再度クリックします。

5 コピーした書式が適用された

⬆ スキルアップ　隣接したセルに書式をコピーするには?

セルを選択し、セルの右下にマウスを移動してポインターが+になったらドラッグします。表示された[貼り付けオプション]ボタンをクリックし、[書式のみコピー]を選択しましょう。

No. 081 セルに施した表示形式の設定をスピーディに解除する

表を作成していると、パーセントや円記号などの表示形式を解除したい場面も出てきます。そうした場合は表示形式を[標準]に設定するといいでしょう。これで通常の表示形式に戻すことができます。

1. セルを選択
2. [表示形式]の▼をクリック
3. [標準]を選択

4. 表示形式が標準に戻った

◎スキルアップ セルの内容をクリアしたい！

63ページではセルの内容をクリアする手順を解説しました。こちらはデータや書式をまとめて削除するテクニックになります。この方法も覚えておきましょう。

No. 082 名前や専門用語はふりがなで誰でも読めるようにしておく

読み方を間違えると失礼に当たる人の名前や、誰にでも読めるとは限らない専門用語には、ふりがなを表示すると親切でしょう。Excel上でデータを入力した際の読みが残っていれば、これをふりがなに利用できます。

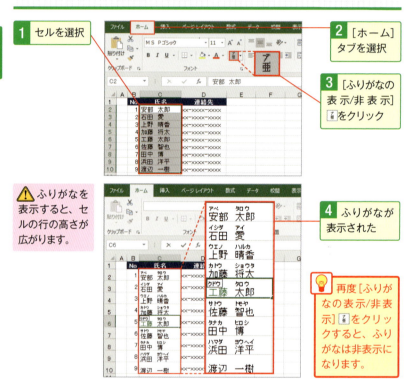

1 セルを選択

2 [ホーム]タブを選択

3 [ふりがなの表示/非表示]をクリック

⚠️ ふりがなを表示すると、セルの行の高さが広がります。

4 ふりがなが表示された

💡 再度[ふりがなの表示/非表示]をクリックすると、ふりがなは非表示になります。

➕トラブル解決 ふりがなが表示されない場合は!?

Excelでは、データを入力した際の読みが「ふりがな」として表示されます。そのため、必ずしも正しいふりがなが表示されるとは限りません。また、他のアプリケーションからコピーしたデータなど、読みの情報が含まれていないデータの場合、ふりがなは表示されません。次ページを参考に追加してもよいでしょう。

No.083 ふりがなが間違っている場合は直接修正しておこう

前ページではふりがなを表示する方法を解説しましたが、このふりがなが間違っている場合があります。そのような際は、直接修正しましょう。また、ふりがなが存在しない場合は追加することもできます。

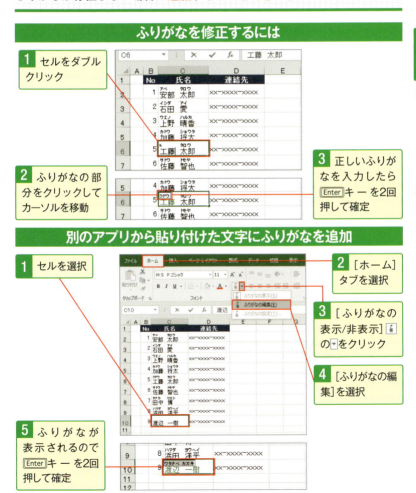

No. 084 ふりがなをカタカナに変えたり文字の中央に配置したりする

ふりがなにも書式を設定することができます。場合によってはカタカナ表記をひらがな表記に変更したり、左揃えを中央揃えに指定したりするといいでしょう。フォントも設定できるので、好みのスタイルが選べます。

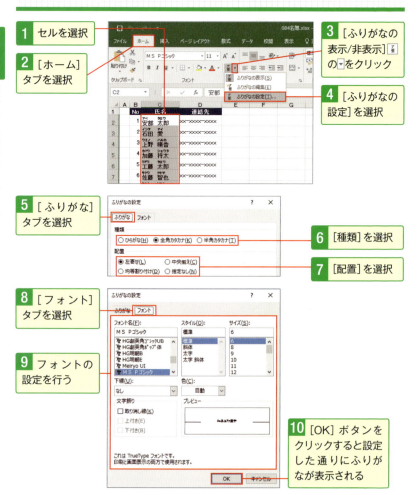

第5章
面倒な計算を一瞬で済ませる数式ワザ

ビジネスには何かと数字がついてまわります。平均、合計、個数、最大値、最小値程度なら手動でも求められますが、大量のデータを扱うとなると、やはりExcelの出番です。「数式」の使い方をしっかり身に付けて、さまざまな計算結果を時短で求めましょう。

No.085 いきなり数値の平均や合計を聞かれてもサッと答えるには？

データをバッチリ表にまとめたつもりでも、意外なところから質問が出てくるものです。特に難しくない計算でも、いきなり尋ねられると慌ててしまうことでしょう。数値の平均や合計を素早く確認する方法があります。

数式を入力せずに計算結果を確認する

1 数値が入力されたセル範囲を選択

2 ステータスバーに、平均、データの個数、合計が表示される

平均: 401　データの個数: 5　合計: 2,005

ほかの演算の結果を表示する

1 ステータスバーを右クリック

2 表示したい演算の項目にチェックを入れる

3 必要な項目にすべてチェックを入れたら、[Esc]キーを押すかシートをクリックしてメニューを消す

4 チェックを入れた演算の結果が表示された

平均: 401　データの個数: 5　最大値: 870　合計: 2,005

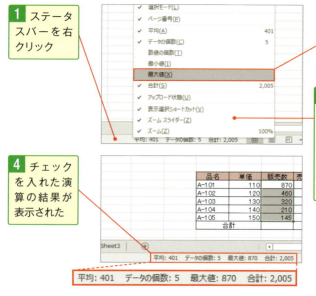

No.086 Excelの数式を身に付けるなら四則演算から覚えよう

Excelではさまざまな数値計算が可能ですが、まず四則演算から覚えるといいでしょう。その際は数式を「＝」に続けて入力するのがポイント。ここではC3とD3のセルを掛け算し、E3セルに算出結果を表示してみます。

1 E3のセルを選択して「＝」を入力

2 C3のセルをクリックし、E3のセルに「C3」が入力されたら「＊」を入力

3 D3のセルをクリックし、E3のセルに「D3」が入力されたら[Enter]キーを押す

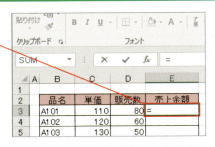

4 E3のセルに計算結果の数値が表示される

5 セルを選択して数式バーを見ると、値ではなく計算式が入力されている

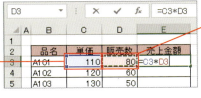

◆スキルアップ　算術演算子の種類

足す「＋」や引く「－」などの記号は右表の通りです。カッコ()がある場合は、囲まれた演算が最優先されます。

計算	演算子	読み方	優先順位
パーセント	％	パーセント	1
べき乗	^	キャレット	2
掛け算	＊	アスタリスク	3
割り算	／	スラッシュ	3
足し算	＋	プラス	4
引き算	－	マイナス	4

No. 087 数式をほかのセルにコピー！省エネ操作で使い回そう

Excelの優れている点は、数式をほかのセルにコピーしたときでも、数式が参照しているセルを自動的に正してくれるところです（相対参照）。そのため数式を修正する手間が省け、気軽に使い回すことができるのです。

1 数式が入力されたセルを選択

2 セルの右下にポインターを合わせて＋になったらドラッグ

3 数式がオートフィルで入力された

4 数式バーを見ると、元の式と同様に同じ行のセルを参照して計算を行なっている（相対参照）

⬆スキルアップ 下方向にコピーする場合はダブルクリックでもよい

下方向に数式をコピーする場合に、セルの右下にポインターを合わせ、＋に変わったらダブルクリックしてみましょう❶。これで一気に数式がコピーされます。

No.088 ムダな作業を極力減らす！ 複数セルに数式を一気に入力

39ページでは複数のセルに同じデータをまとめて入力するテクニックを紹介しました。これは数式にも応用可能で、同じ数式を複数セルにまとめて入力できます。入力先のセルが飛び飛びのときに便利な手法です。

1 同様の数式を入力したいセル範囲を選択

2 そのうちの1つのセルに数式を入力

3 [Ctrl]キー+[Enter]キーを押して確定すると、選択中のすべてのセルに数式が一括入力された

💡 参照は相対参照です。入力されたセルによって数式が参照するセルは変わります。

⊕スキルアップ 関数ライブラリなどから関数を入力する場合

関数ライブラリや[関数の挿入]画面を使って関数を入力する場合も一括入力は可能です。複数のセルを選択した状態から、関数ライブラリや[関数の挿入]画面で関数を選択し、[関数の引数]画面で引数を入力します❶。ここで[Ctrl]キーを押しながら[OK]ボタンをクリックすると❷、選択していたすべてのセルに関数が一括入力されます。

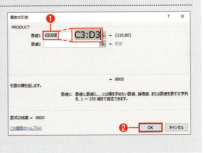

No. 089 数式の参照先が変わったら正しく計算できなくなった……

数式のコピー時に自動で参照先が変わって正しく計算できなくなる場合があります。参照先が変わらないよう、数式に手を加えてみましょう。ここではD1セルの単価を常に固定で参照し、C列の販売数を掛け算します。

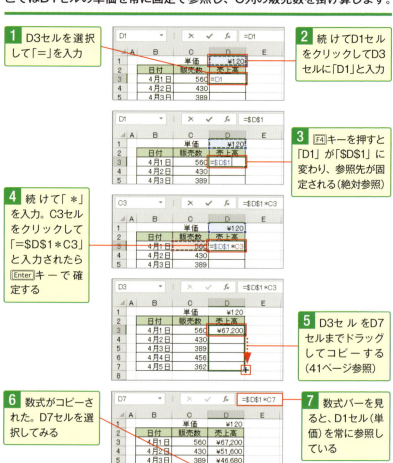

1 D3セルを選択して「=」を入力

2 続けてD1セルをクリックしてD3セルに「D1」と入力

3 [F4]キーを押すと「D1」が「D1」に変わり、参照先が固定される（絶対参照）

4 続けて「*」を入力。C3セルをクリックして「=D1*C3」と入力されたら[Enter]キーで確定する

5 D3セルをD7セルまでドラッグしてコピーする（41ページ参照）

6 数式がコピーされた。D7セルを選択してみる

7 数式バーを見ると、D1セル（単価）を常に参照している

No.090 列または行のみ参照先を固定！九九の表を例に理解しよう

C3〜K3とB4〜B12のセル範囲を掛け算して九九の表を作成。列または行のみを固定します。「C3」はC3セルの固定を意味し（絶対参照）、「$C3」はC列のみ、「C$3」は3行のみ固定を表します（複合参照）。

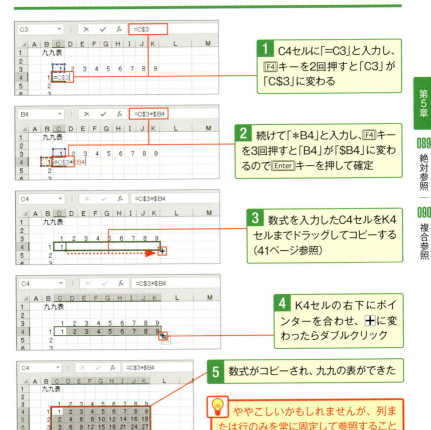

No.091 計算を手軽に行う[オートSUM] 一定期間の売上を合計するには

ここでは4～6月の売上を合計してみましょう。その際は[オートSUM]ボタンを使いますが、自動でSUMという関数が挿入され、素早く計算結果を得ることができます。便利なボタンなので必ずマスターしてください。

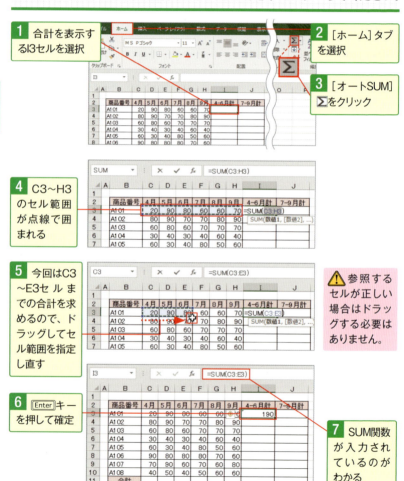

No. 092 全商品の一定期間の売上は？表全体の合計を求めたい！

前ページでは特定の商品を例に、一定期間の合計売上を求めました。ここでは各月の売上合計と、各商品の売上合計をそれぞれ求めてみましょう。こちらも[オートSUM]ボタンを使ってすぐに算出できます。

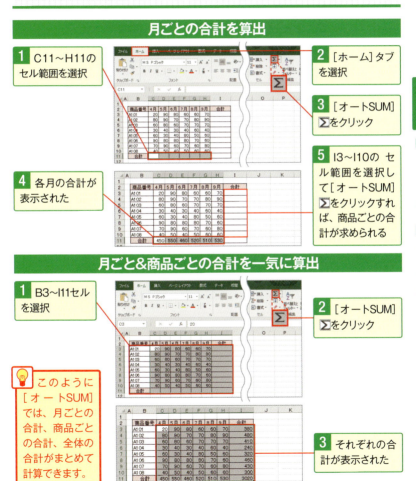

No.093 社内の英語テストの結果からスピーディに平均点を算出

数値の平均を求めるには、AVERAGEという関数を用いますが、[オートSUM]ボタンを使えばこれを自動で挿入してくれます。ここでは英語テストの結果を例に「長文」(C列)の平均点を算出してみましょう。

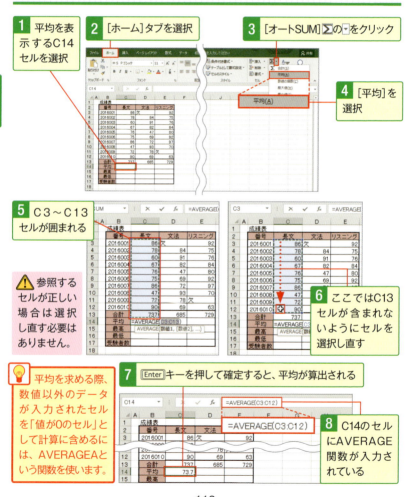

1. 平均を表示するC14セルを選択
2. [ホーム]タブを選択
3. [オートSUM]Σの▼をクリック
4. [平均]を選択
5. C3〜C13セルが囲まれる

⚠ 参照するセルが正しい場合は選択し直す必要はありません。

6. ここではC13セルが含まれないようにセル選択し直す
7. [Enter]キーを押して確定すると、平均が算出される
8. C14のセルにAVERAGE関数が入力されている

💡 平均を求める際、数値以外のデータが入力されたセルを「値が0のセル」として計算に含めるには、AVERAGEAという関数を使います。

No.094 数値入力されたセルの個数から受験者数を算出したい

数値が入力されたセルの個数を求めるには、COUNTという関数を使います（空白のセルはカウントされません）。今回も[オートSUM]ボタンを活用し、「長文」の試験を受けた人数を求めてみましょう。

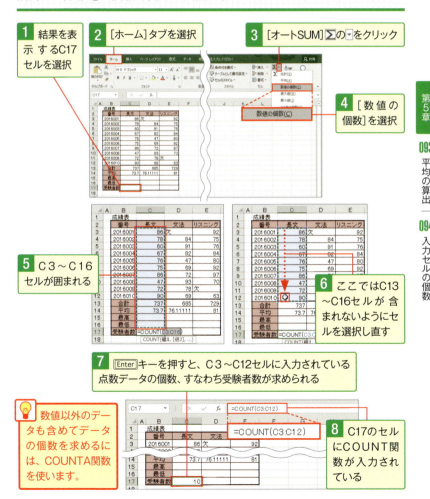

No. 095 指定範囲の最大値や最小値を手軽に求めるには？

今度は「長文」の採点結果の中から最高得点を求めてみます。最大値を求めるにはMAXという関数（最小値の場合はMIN関数）を使いますが、こちらも[オートSUM]ボタンを利用することで挿入できます。

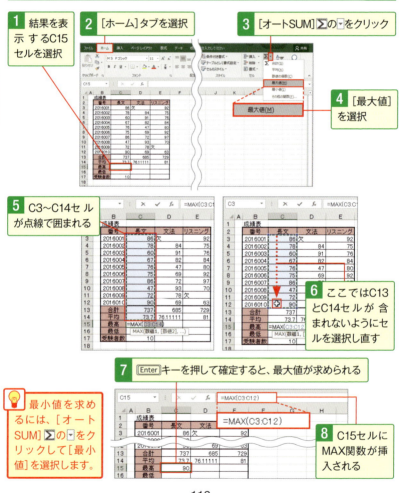

No.096 数式で参照している**セル範囲**を**修正**するにはどうする?

数式のセル範囲を修正する際は、数式とセルの指定範囲を色で区別できる「**カラーリファレンス**」が便利です。今回はC13セルでC3〜C11セルの合計が算出されているのをC3〜C6セルの合計に変更してみます。

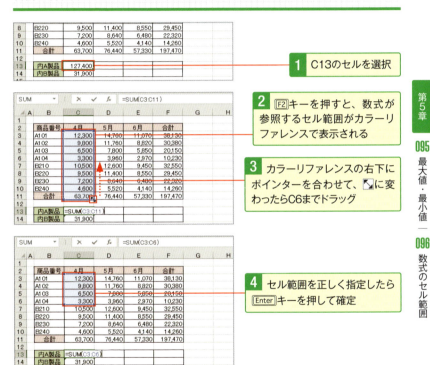

1. C13のセルを選択

2. F2キーを押すと、数式が参照するセル範囲がカラーリファレンスで表示される

3. カラーリファレンスの右下にポインターを合わせて、矢印に変わったらC6までドラッグ

4. セル範囲を正しく指定したらEnterキーを押して確定

◆スキルアップ
カラーリファレンスは移動できる

カラーリファレンスの枠にポインターを合わせ、アイコンに変わったらこの枠をドラッグして移動できます。

No. 097 関数名や演算子に誤りが！数式の内容を正すには

数式で関数名や演算子に間違いがあった場合は、数式バーから修正します（セルを直接ダブルクリックして直してもいいでしょう）。ここではC16セルに入力されたCOUNT関数をCOUNTA関数に変えてみます。

1 修正したいC16のセルを選択

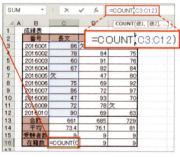

2 数式バーで「COUNT」と「(C3:C12)」の間をクリック

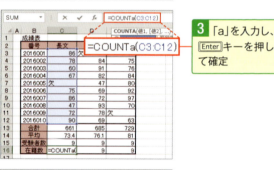

3 「a」を入力し、Enterキーを押して確定

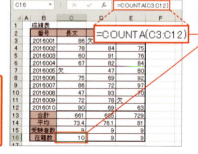

4 計算式が修正され、COUNTA関数が入力された

💡 関数を小文字で入力しても、入力を確定すると大文字に修正されます。

No.098 関数が使われた数式の修正に[関数の引数]画面を活用!

[関数の引数]という画面はさまざまな関数を挿入する際に便利な機能ですが(124ページ参照)、修正する際にも活用できます。ここではE3セルに入力された引数(ひきすう)を修正してみましょう。

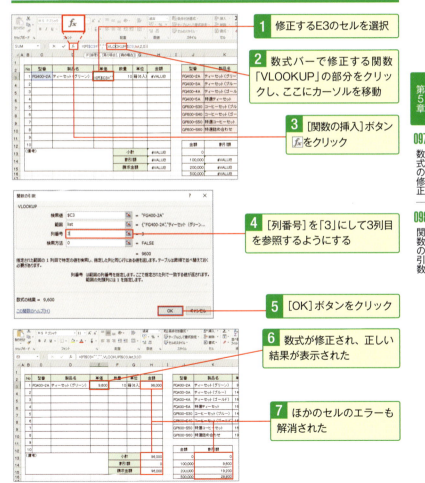

1 修正するE3のセルを選択

2 数式バーで修正する関数「VLOOKUP」の部分をクリックし、ここにカーソルを移動

3 [関数の挿入]ボタン fx をクリック

4 [列番号]を「3」にして3列目を参照するようにする

5 [OK]ボタンをクリック

6 数式が修正され、正しい結果が表示された

7 ほかのセルのエラーも解消された

No. 099 セルに数式そのものを表示して一気にチェックしたい

表内でさまざまな数式を使っていると、それらのチェックも大変です。セルに数式そのものを表示すれば、スムーズに確認作業が進められるでしょう。特定のセルのみ数式を表示する方法もあります（下のコラムを参照）。

1 [数式]タブを選択

2 [数式の表示]をクリック

3 すべてのセルの数式が表示された

💡 再度[数式の表示]をクリックすると、計算結果が表示された状態に戻ります。

⬆ スキルアップ 特定のセルのみに数式を表示する

特定のセルのみに数式を表示するには、数式の先頭に「'」（アポストロフィ）を付けます❶。元の表示に戻すには「'」を削除します。

No.100 数式を修正した際に計算結果の更新を手動で行う

表を作成する過程では、よく数式の計算結果がエラーになります。これがわずらわしい場合は計算方法を[手動]に切り替えます。逆に数式の計算結果が自動で反映されなくて困ったら、[自動]に切り替えましょう。

再計算を手動で行う設定に切り替える

1. [数式]タブを選択
2. [計算方法の設定]をクリック
3. [手動]を選択

💡 行った設定は、そのブックにおいてのみ有効です。

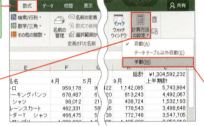

手動でブック全体の再計算を行う

1. 手動でブックを更新するには[数式]タブを選択
2. [再計算実行]をクリック

💡 ブック全体の再計算はF9キーを押して行うこともできます。

作業中のシートだけを再計算させる

1. 手動でシートを更新するには[数式]タブを選択
2. [シート再計算]をクリック

💡 シートの再計算はShiftキーを押しながらF9キーを押して行うこともできます。

No.101 別のシートの計算結果を利用して資料を作りたい！

資料の作成時に同じブック内の別のシートから数字を引っ張ってきたい場面はよくあるでしょう。その際は単にコピーしてもいいですが、元のデータに変更があった場合に自動で更新されるようにすると便利です。

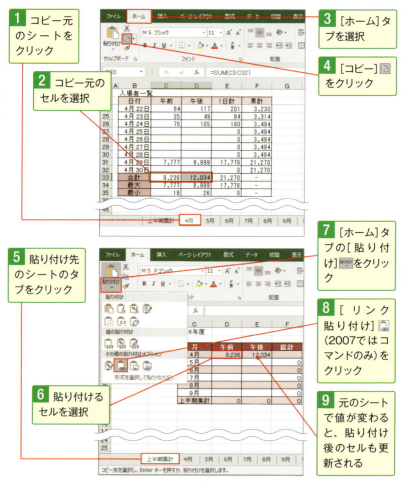

1. コピー元のシートをクリック
2. コピー元のセルを選択
3. [ホーム]タブを選択
4. [コピー]をクリック
5. 貼り付け先のシートのタブをクリック
6. 貼り付けるセルを選択
7. [ホーム]タブの[貼り付け]をクリック
8. [リンク貼り付け]（2007ではコマンドのみ）をクリック
9. 元のシートで値が変わると、貼り付け後のセルも更新される

第5章 面倒な計算を一瞬で済ませる数式ワザ

No.102 受け取ったExcelファイルが別のブックを参照していた場合

別のブックを参照しているExcelファイルを開くたびに、警告メッセージが現れます。基本的にリンク元のブックに変更があってもデータは自動で更新されないため、ここではリンクを解除して対処してみます。

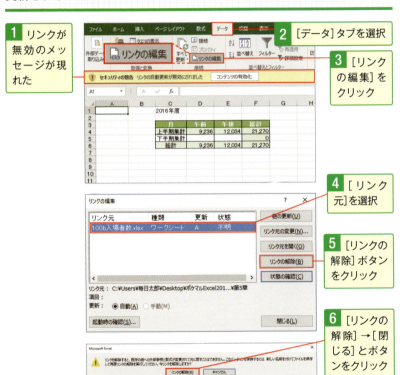

⬆スキルアップ ブックのリンクを更新する

他のブックへのリンクを更新するには[セキュリティの警告]メッセージバーの[コンテンツの有効化]をクリックします。Excel 2007では[オプション]ボタンをクリックし、[Microsoft Office セキュリティオプション]画面の[このコンテンツを有効にする]を選択して[OK]ボタンをクリックします。

No.103 計算結果だけを利用したいのに数式がコピーされてしまう

集計したデータを元に報告文書を作成する場合など、**集計結果の数字だけを利用**したい場面があります。ここでは関数で求められた順位を例に、これを**数字の値として別の場所に貼り付ける**方法を見てみましょう。

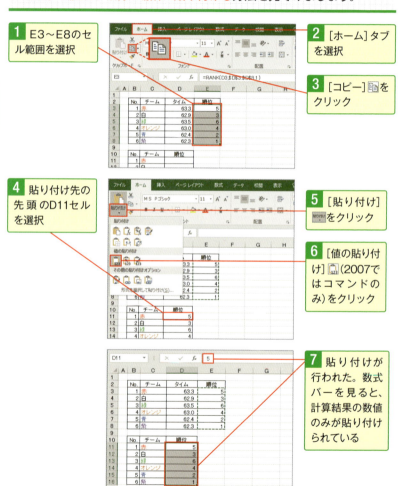

1. E3～E8のセル範囲を選択
2. [ホーム]タブを選択
3. [コピー]をクリック
4. 貼り付け先の先頭のD11セルを選択
5. [貼り付け]をクリック
6. [値の貼り付け](2007ではコマンドのみ)をクリック
7. 貼り付けが行われた。数式バーを見ると、計算結果の数値のみが貼り付けられている

No.104 複数セルに入力されたデータを1つのセルにまとめる便利ワザ

地名（自宅住所-1）と丁・地番（自宅住所-2）が別々のセルに入力された住所録で、これを1つに結合するにはセル参照を「&」でつないだ数式を使います。なお、67ページでは逆にデータを分割する方法を解説しました。

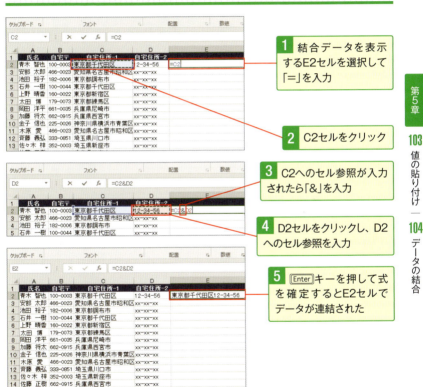

1 結合データを表示するE2セルを選択して「=」を入力

2 C2セルをクリック

3 C2へのセル参照が入力されたら「&」を入力

4 D2セルをクリックし、D2へのセル参照を入力

5 Enterキーを押して式を確定するとE2セルでデータが連結された

◆スキルアップ CONCATENATE関数を使ってもOK

データの連結には、CONCATENATE関数を使う方法もあります。その場合は「=CONCATENATE(C2,D2)」のように「=CONCATENATE(文字列1,文字列2 ……)」という書式で引数を指定します。

No.105 複数シートに入力したデータを元に上半期の合計を導くには

複数のシートにまたがったデータを元に集計するにはコツ必要です。ここでは4～9月のシートのデータを「上半期合計」シートにまとめてみましょう。なお、データは各シートの同じ位置のセルに入力しておきます。

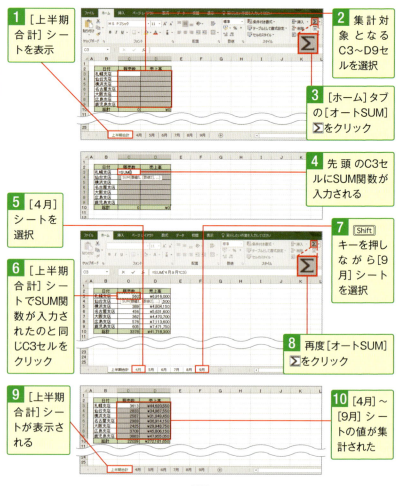

第6章
関数ワザで複雑な作業も仕組み化!

より複雑な処理を行いたい場合は「関数」を使います。Excelには数多くの関数が用意されていますが、ここでは代表的なものを紹介しましょう。数値を四捨五入したり、指定した条件によって行う処理を変えたり、別の表からデータを参照したりできます。

No. 106 Excelでビジネスを促進！関数入力のキホンから覚えよう

Excelにはビジネスで役立つ数多くの関数が用意されています。まずは関数の使い方のキホンを見ていきましょう。ここではPRODUCTという関数を入力し、指定した引数（単価と販売数）を掛け算してみます。

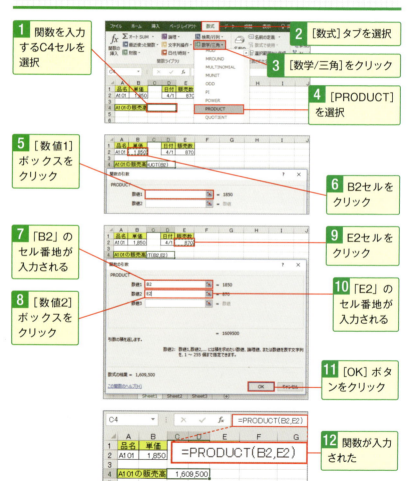

No.107 使い方に慣れてきた関数はセルにそのまま直接入力！

関数の使い方を覚えてきたら、セルに直接入力した方がスピーディです。オートコンプリート機能を備えているので、「=」に続けて関数を入力していくと補完してくれます。ここではPRODUCT関数を挿入してみます。

1 関数を入力するC4セルに「=」を入力。PRODUCT関数の先頭から「pr」と入力していくと候補が絞り込まれる

2 ↓キーで[PRODUCT]を選択

3 説明が表示される

4 Tabキーを押すと、関数と「(」が入力される

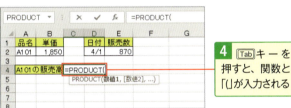

5 続けて引数を「b2,e2」のように入力。引数と引数の間はカンマ「,」で区切る

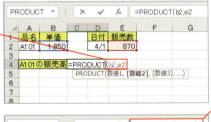

7 数式バーを見ると、関数が入力されている

6 Enterキーを押すと「)」が補われ、数式が確定

💡 小文字で入力した引数は大文字に修正されます。

No.108 関数の計算結果を引数に指定! 条件に合ったら合計を算出する

関数の引数として別の関数を利用できます(ネストといいます)。今回はB4セルに文字列(型番)が入力されていたら、E4～E6セルの金額を合計してE1セルに表示。その際はIF関数の引数としてSUM関数を使います。

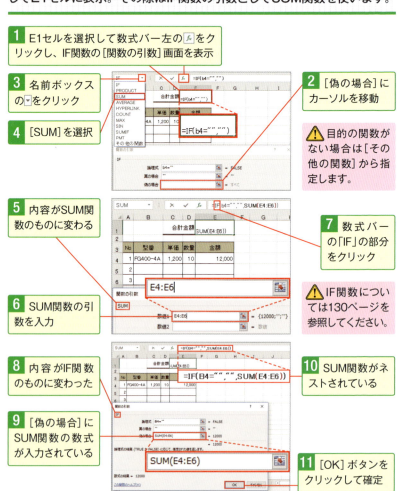

No.109 報告書の日付や時間を入力！常に今の日時を表示するには？

今の日付や時間を入力する関数があり、これを利用すれば文書を開いた日時が常に表示できます。今日の業務内容を報告書にまとめる際などは、毎回日時を入力し直さなくて済むので、仕事の効率アップが図れます。

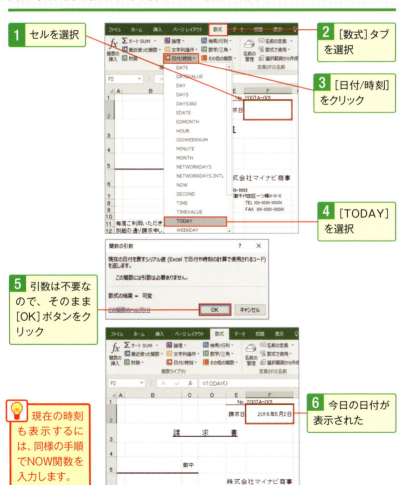

No.110 面倒な作業はExcelまかせ！関数で数値を四捨五入する

四捨五入は難しい計算ではありませんが、数値が4以下なのか5以上なのかを判断し、切り捨てたり切り上げたりする作業自体は面倒です。ここではROUND関数を使い、数値を四捨五入して整数位までを求めてみます。

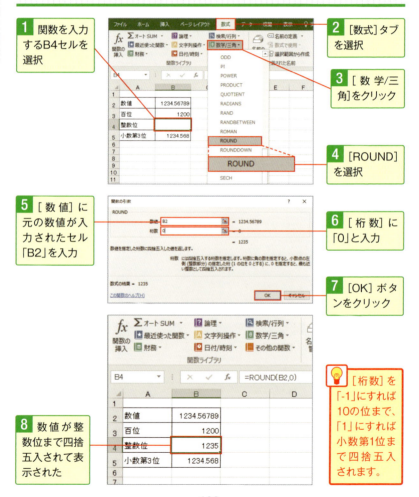

1 関数を入力するB4セルを選択
2 [数式]タブを選択
3 [数学/三角]をクリック
4 [ROUND]を選択
5 [数値]に元の数値が入力されたセル「B2」を入力
6 [桁数]に「0」と入力
7 [OK]ボタンをクリック
8 数値が整数位まで四捨五入されて表示された

[桁数]を「-1」にすれば10の位まで、「1」にすれば小数第1位まで四捨五入されます。

No.111 入力した文字列データからふりがなを取り出したい

98ページでは書式を設定してふりがなを表示しましたが、これを別のセルに取り出すこともできます。それにはPHONETIC関数を使います。氏名が入力されたセルの右側にふりがなを表示してみましょう。

1 ふりがなを表示するC2セルを選択

2 [数式]タブを選択

3 [その他の関数]をクリック

4 [情報]→[PHONETIC]を選択

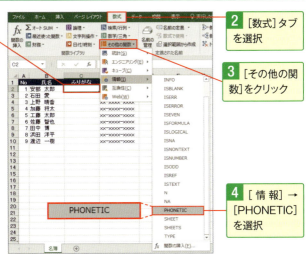

5 [参照]に氏名が入力されたセル「B2」を入力

6 [OK]ボタンをクリック

7 ふりがなが表示された

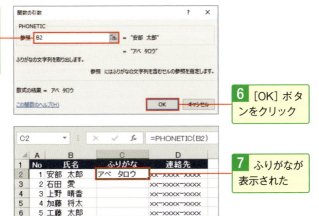

No.112 指定した条件によって行う処理を変えたい場合は?

126ページでも出てきましたが、**条件によって行う処理を変えたい場合はIF関数を使います。**ここでは性別が「男」であれば身長から標準体重を計算し、「女」であれば単に「☆」と表示される数式を指定してみましょう。

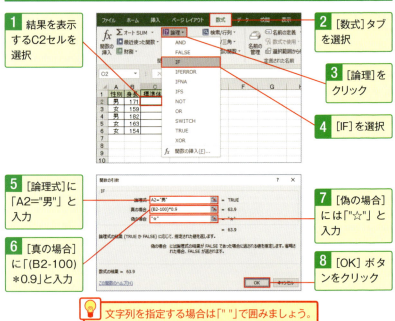

1. 結果を表示するC2セルを選択
2. [数式]タブを選択
3. [論理]をクリック
4. [IF]を選択
5. [論理式]に「A2="男"」と入力
6. [真の場合]に「(B2-100)*0.9」と入力
7. [偽の場合]には「"☆"」と入力
8. [OK]ボタンをクリック

文字列を指定する場合は「" "」で囲みましょう。

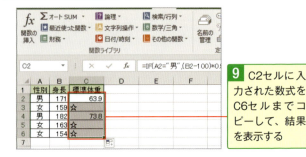

9. C2セルに入力された数式をC6セルまでコピーして、結果を表示する

No.113 ほかの表に入力したデータを取り出して活用したい!

製品の型番、製品名、単価といった情報をまとめた「製品データ」表がある場合、たとえば請求書で型番を入力するとこの表から製品名などを引っ張ってこれると便利でしょう。それにはVLOOKUP関数を使います。

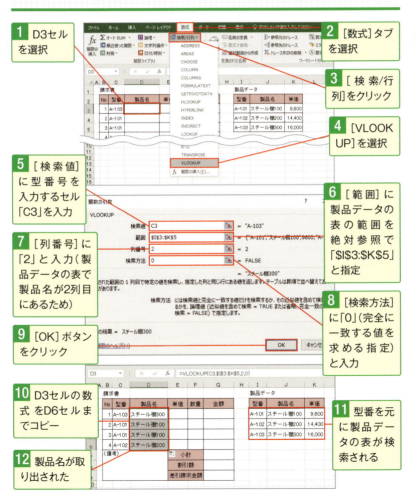

No.114 売上金額の合計を一気に算出！縦横をまとめて計算するには

製品の単価と販売数の表がある場合、売上金額の合計を計算するのに通常は製品ごとに売上金額をまとめ、それらを足し算します。SUM関数とショートカットキーを組み合わせれば、これを直接算出できます。

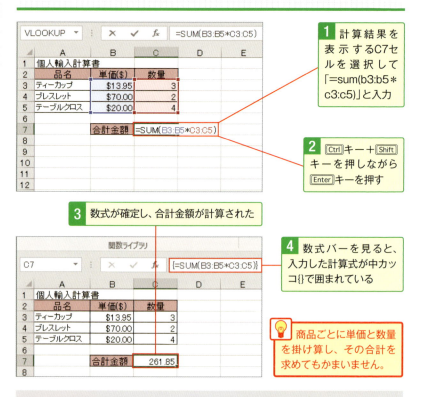

1 計算結果を表示するC7セルを選択して「＝sum(b3:b5＊c3:c5)」と入力

2 [Ctrl]キー＋[Shift]キーを押しながら[Enter]キーを押す

3 数式が確定し、合計金額が計算された

4 数式バーを見ると、入力した計算式が中カッコ{}で囲まれている

💡 商品ごとに単価と数量を掛け算し、その合計を求めてもかまいません。

⬆スキルアップ ここで行っている操作の意味を確認!

ここではB3～B5セルの値(B3:B5)をそれぞれC3～C5セルの値(C3:C5)と掛け算し、その合計を求めています。ただし通常の数式のように[Enter]キーを押して確定しても正しく計算されません。[Ctrl]キー＋[Shift]キーを押しながら[Enter]キーを押して確定することで、配列数式にしています（数式全体が{}で囲まれる）。

第7章
説得力のあるグラフで魅せる実践ワザ

苦労してまとめた調査結果であっても、数字を羅列しただけの表では素通りされるかもしれません。グラフを使えば相手に興味を持ってもらえるほか、資料に説得力が生まれます。ビジネスで効果的なグラフの作成方法を見ていきましょう。

No. 115 資料の説得力をアップ！グラフ作成のキホンを覚えよう

第7章 説得力のある**グラフで魅せる**実践ワザ

ビジネスではただ数字を羅列するより、グラフで見せた方がデータの理解が進む場面も少なくありません。ここではグラフの基本的な作成方法を解説。次ページ以降は作ったグラフのカスタマイズ方法を見ていきます。

1 グラフにするデータのセル範囲を選択

2 [挿入]タブを選択

3 [縦棒/横棒グラフの挿入]をクリック

4 種類を選択

5 グラフが表示された

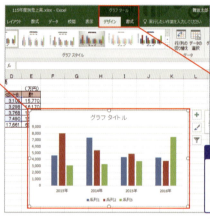

6 新しく[グラフツール]が追加され、ここに[デザイン][書式]タブが表示された

2010/2007の場合
2010/2007では[レイアウト]タブも追加されます。

💡 サイズを変更するには、グラフの四隅・四辺の中央にポインターを合わせ、矢印のような矢印になったらドラッグします。

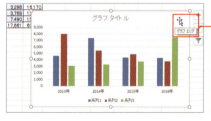

7 グラフを移動するには、グラフにポインターを合わせ、に変わって[グラフエリア]と表示されたらドラッグ

No.116 内容に合った種類を選ぼう！ 棒グラフを折れ線グラフに変更

グラフにはさまざまな種類があり、これらは作成後でも変更できます。基本的に**数値を比較するなら棒グラフ**、数値の**変化を知るなら折れ線グラフ**、全体に対する**割合を把握するなら円グラフ**を使うとよいでしょう。

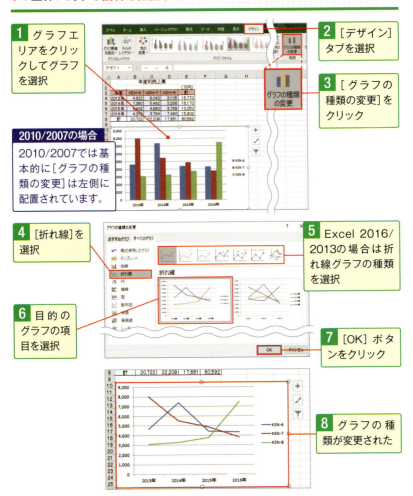

1 グラフエリアをクリックしてグラフを選択

2 [デザイン]タブを選択

3 [グラフの種類の変更]をクリック

2010/2007の場合
2010/2007では基本的に[グラフの種類の変更]は左側に配置されています。

4 [折れ線]を選択

5 Excel 2016/2013の場合は折れ線グラフの種類を選択

6 目的のグラフの項目を選択

7 [OK]ボタンをクリック

8 グラフの種類が変更された

No.117 グラフを作成したあとにデータの対象範囲を変えたい！

グラフを作成したあとでも参照する数値データの範囲は変更できます。その際は113ページでも紹介したカラーリファレンスを使います。対象の範囲を変更するたびにグラフも自動的に更新されるので便利です。

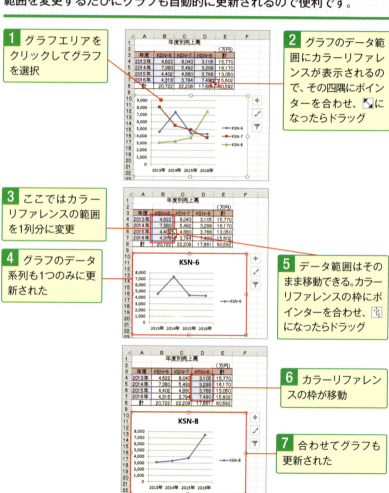

1 グラフエリアをクリックしてグラフを選択

2 グラフのデータ範囲にカラーリファレンスが表示されるので、その四隅にポインターを合わせ、になったらドラッグ

3 ここではカラーリファレンスの範囲を1列分に変更

4 グラフのデータ系列も1つのみに更新された

5 データ範囲はそのまま移動できる。カラーリファレンスの枠にポインターを合わせ、になったらドラッグ

6 カラーリファレンスの枠が移動

7 合わせてグラフも更新された

No.118 必要に応じて新しいデータをグラフに追加するには

グラフの作成後に上司からデータを追加するよう指示された……。ビジネスならそんなこともよくあるでしょう。そのような場合は数値データをコピーしてグラフに貼り付けると、グラフに追加できます。

1 追加したいデータのセル範囲を選択

2 [ホーム]タブを選択

3 [コピー]をクリック

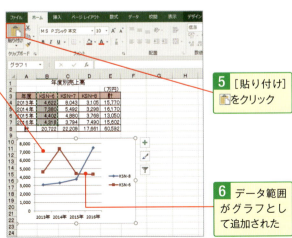

4 グラフを選択

5 [貼り付け]をクリック

6 データ範囲がグラフとして追加された

No. 119 グラフを別のシートに移動してグラフだけを表示したい

作成したグラフは数値データと同じシートに表示されますが、状況によっては別のシートに表示したいこともあるでしょう。そんなときは[グラフの移動]を使います。ここではグラフだけのシートを新しく作ってみます。

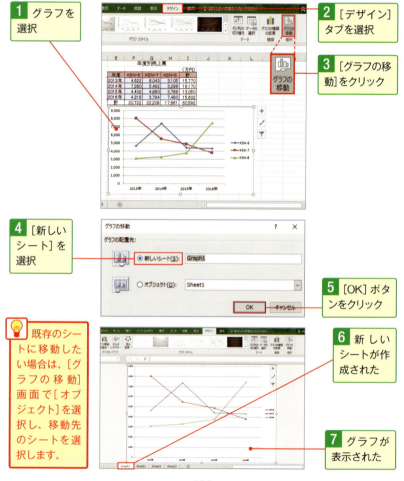

1 グラフを選択
2 [デザイン]タブを選択
3 [グラフの移動]をクリック
4 [新しいシート]を選択
5 [OK]ボタンをクリック
6 新しいシートが作成された
7 グラフが表示された

💡 既存のシートに移動したい場合は、[グラフの移動]画面で[オブジェクト]を選択し、移動先のシートを選択します。

No.120 文書のデザインに合わせてグラフのスタイルを最適化する

グラフのカラーリングや形状は、作成中の文書のデザインに合ったものに変えておくと、ビジネス文書らしい調和が生まれます。あまり奇をてらう必要はないので、皆にとって見やすいスタイルを選びましょう。

1 グラフを選択

2 [デザイン]タブを選択

3 [グラフのスタイル]グループの▼をクリック

2016/2013の場合
2016/2013では[色の変更]をクリックすることで、さまざまなカラーバリエーションを設定できます。

4 スタイルのギャラリーから、使用したい項目をクリック

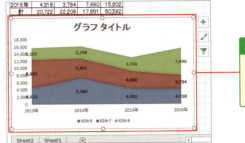

5 選択したスタイルがグラフに設定された

No.121 情報をしっかり伝えるために グラフの外観をまとめて設定

作成したばかりのグラフはシンプルですが、グラフタイトル、系列のデータラベル、凡例などの各種要素（143ページ参照）をどう表示するかを考えるのは意外と面倒。用意されたレイアウトの中から選択するのも手です。

1 グラフを選択

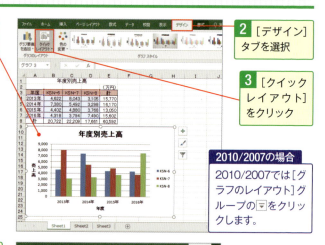

2 [デザイン]タブを選択

3 [クイックレイアウト]をクリック

2010/2007の場合
2010/2007では[グラフのレイアウト]グループの▼をクリックします。

4 ギャラリーから設定するレイアウトを選択

5 グラフのレイアウトが変更された

No.122 グラフの縦軸と横軸が示す内容をわかりやすく伝えたい

作成したばかりのグラフは、縦軸や横軸が何を示しているのか情報がないので、軸ラベルを追加しましょう。ここではExcel 2016/2013を例に解説しますが、2010/2007は下のカコミを参照してください。

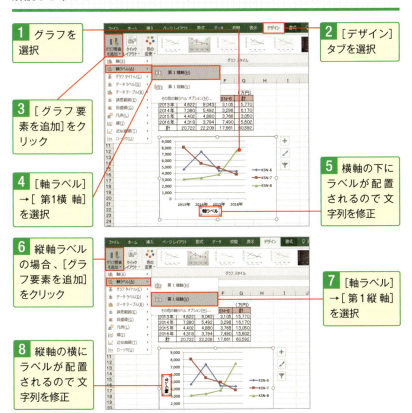

1 グラフを選択
2 [デザイン]タブを選択
3 [グラフ要素を追加]をクリック
4 [軸ラベル]→[第1横軸]を選択
5 横軸の下にラベルが配置されるので文字列を修正
6 縦軸ラベルの場合、[グラフ要素を追加]をクリック
7 [軸ラベル]→[第1縦軸]を選択
8 縦軸の横にラベルが配置されるので文字列を修正

2010/2007の場合

2010/2007では[レイアウト]タブの[軸ラベル]をクリックします。横軸ラベルを配置する場合は[主横軸ラベル]→[軸ラベルを軸の下に配置]を選択。縦軸ラベルを配置する場合は[主縦軸ラベル]→[軸ラベルを垂直に配置]を選択しましょう。

No.123 グラフの凡例は見やすい位置に移動しておこう

凡例とは、たとえば棒グラフなら各棒が表す内容を説明したものです。この凡例はわかりやすい位置に移動しましょう。Excel 2016/2013と2010/2007とでは若干、操作方法が異なるので注意してください。

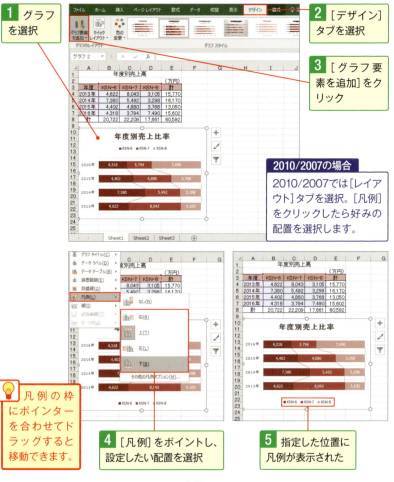

1 グラフを選択

2 [デザイン]タブを選択

3 [グラフ要素を追加]をクリック

2010/2007の場合
2010/2007では[レイアウト]タブを選択。[凡例]をクリックしたら好みの配置を選択します。

💡 凡例の枠にポインターを合わせてドラッグすると移動できます。

4 [凡例]をポイントし、設定したい配置を選択

5 指定した位置に凡例が表示された

No.124 編集時に欠かせない基本操作！グラフの要素を選択するには

グラフはグラフエリア、軸ラベル、凡例などさまざまな要素で構成されていますが、それぞれカスタマイズするにはマウスで適切に選択しておく必要があります。それには若干のコツがいるので、解説しておきましょう。

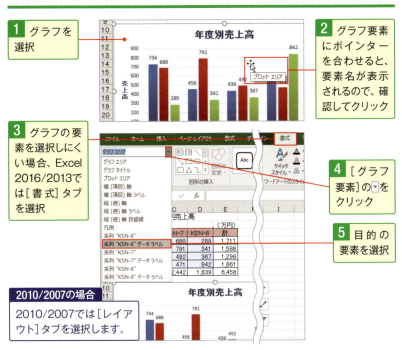

1. グラフを選択
2. グラフ要素にポインターを合わせると、要素名が表示されるので、確認してクリック
3. グラフの要素を選択しにくい場合、Excel 2016/2013では[書式]タブを選択
4. [グラフ要素]の▼をクリック
5. 目的の要素を選択

2010/2007の場合
2010/2007では[レイアウト]タブを選択します。

◆スキルアップ
グラフの各部名称

グラフの主な要素の名称は図のとおりです。

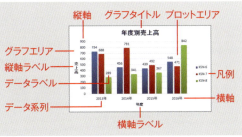

縦軸／グラフタイトル／プロットエリア／グラフエリア／縦軸ラベル／データラベル／データ系列／横軸ラベル／凡例／横軸

No.125 縦の目盛線を表示してデータを区別しやすくしたい

たとえば縦棒グラフを作成した場合、基本的に横目盛線が表示されますが、各グラフ項目を縦目盛線で区切ることができます。もしもグラフが見にくく感じられる際は、試してみてはいかがでしょうか。

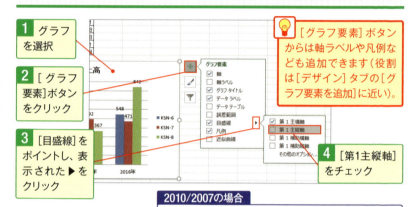

1 グラフを選択

2 [グラフ要素]ボタンをクリック

3 [目盛線]をポイントし、表示された▶をクリック

4 [第1主縦軸]をチェック

💡 [グラフ要素]ボタンからは軸ラベルや凡例なども追加できます(役割は[デザイン]タブの[グラフ要素を追加]に近い)。

2010/2007の場合

2010/2007では[レイアウト]タブの[目盛線]をクリックして[主縦軸目盛線]→[目盛線]を選択します。

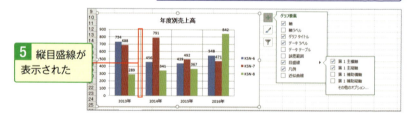

5 縦目盛線が表示された

⬆ スキルアップ

細かい目盛線も表示できる

2016/2013では[グラフ要素]ボタンから[目盛線]の▶をクリックし、[その他のオプション]をクリックすると、より細かな目盛線を設定できます。

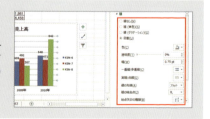

No.126 大きい数字は見やすさ優先！縦軸の単位を100万にしよう

たとえばグラフの縦軸の数字が「1,000,000」のように表示されていると、ひと目で読み取りにくいうえ、グラフの視認性を損ねてしまう場合があります。ここでは「100万」単位で表示するように設定してみましょう。

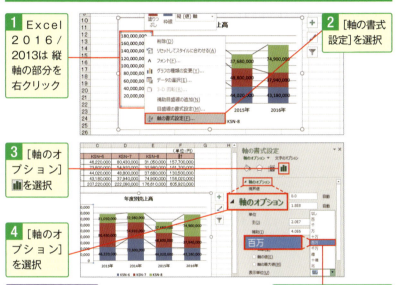

2010/2007の場合

2010/2007では[レイアウト]タブの[軸]をクリックして[主縦軸]→[百万単位で軸を表示]を選択します。

No.127 作り込んだグラフの書式はテンプレートにして使い回す

ここまで解説したテクニックを実行して作り込んだグラフの書式は、せっかくなのでテンプレートとして保存しておきましょう。ほかの場面で使い回せるので、次回はスムーズに資料作成ができるようになります。

グラフの書式を保存する

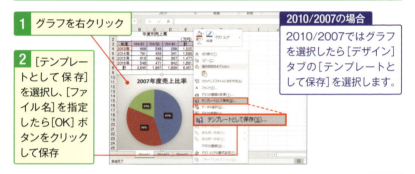

1 グラフを右クリック

2 [テンプレートとして保存]を選択し、[ファイル名]を指定したら[OK]ボタンをクリックして保存

2010/2007の場合
2010/2007ではグラフを選択したら[デザイン]タブの[テンプレートとして保存]を選択します。

保存しておいたグラフの書式を利用する

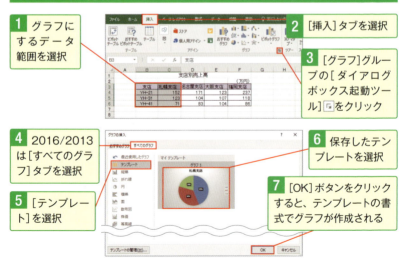

1 グラフにするデータ範囲を選択

2 [挿入]タブを選択

3 [グラフ]グループの[ダイアログボックス起動ツール]をクリック

4 2016/2013は[すべてのグラフ]タブを選択

5 [テンプレート]を選択

6 保存したテンプレートを選択

7 [OK]ボタンをクリックすると、テンプレートの書式でグラフが作成される

No.128 表の隣に小さなグラフを作成！データの傾向をチェックする

Excel 2016/2013/2010に搭載されている機能に「スパークライン」があり、小さなグラフをセル内に表示できます。これを表の隣に配することで、データの傾向や最大値・最小値がわかりやすくなります。

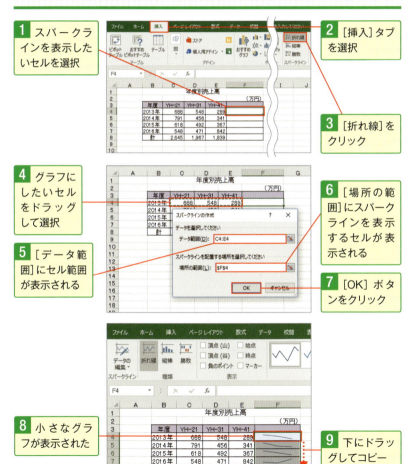

1 スパークラインを表示したいセルを選択

2 [挿入]タブを選択

3 [折れ線]をクリック

4 グラフにしたいセルをドラッグして選択

5 [データ範囲]にセル範囲が表示される

6 [場所の範囲]にスパークラインを表示するセルが表示される

7 [OK]ボタンをクリック

8 小さなグラフが表示された

9 下にドラッグしてコピー

No.129 数値データが欠けている際に折れ線グラフをつなぐには？

数値データによっては集計ができず、空白になっている場合があります。そうした場合に折れ線グラフを作成すると途切れてしまいますが、これでは見栄えがよくありません。折れ線グラフをつなぐといいでしょう。

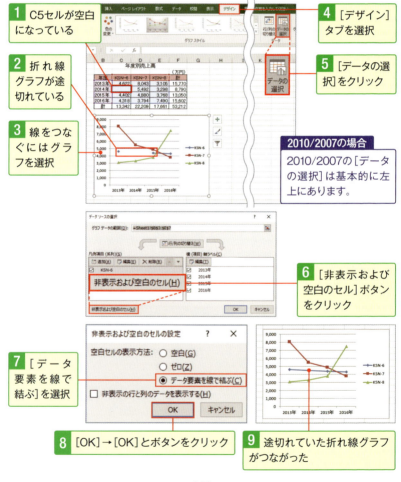

2010/2007の場合
2010/2007の[データの選択]は基本的に左上にあります。

第8章
資料の作り込みに役立つ便利ワザ

ようやく作成した資料でも、いざ印刷すると思い描いていたイメージと違っていることがよくあります。特に正しくページに収まっているかどうかはチェックしたいポイント。見やすくするためのテクニックも駆使して、文書としての完成度を上げていきましょう。

No.130 作成した資料を印刷する前にプレビューで必ず最終チェック

文書の印刷時は、先に印刷結果をプレビューで確認してください。よく表の一部が次のページにまたがっていたり、セル内の文字が表示しきれていなかったりします。コスト削減のためにも印刷のムダは避けましょう。

1 [ファイル]タブ（2007では[Office]ボタン）をクリック

2 [印刷]（2007ではさらにサブメニューから[印刷プレビュー]）を選択

💡 Ctrlキー+F2キーを押しても印刷プレビューが表示されます。

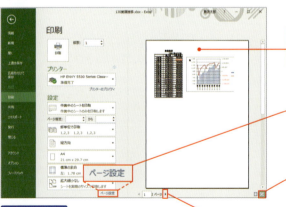

3 印刷プレビューが表示された

4 [ページ設定]をクリックすると詳細を設定できる

5 [ズーム]をクリックすると表示を拡大できる

6 [次のページ]をクリックすると、次のページが表示される

2007の場合

[印刷プレビューを閉じる]をクリックするかEscキーを押すと、ワークシートに戻ります。

No.131 プリンタ出力のキホン操作！表示中のシートを印刷するには

取引先や上司に見せるため、作成した文書を印刷する機会も多いはず。印刷を実行すると、現在アクティブになっているシートがプリンタ出力されます。特に難しい操作ではありませんが、手順を確認しておきましょう。

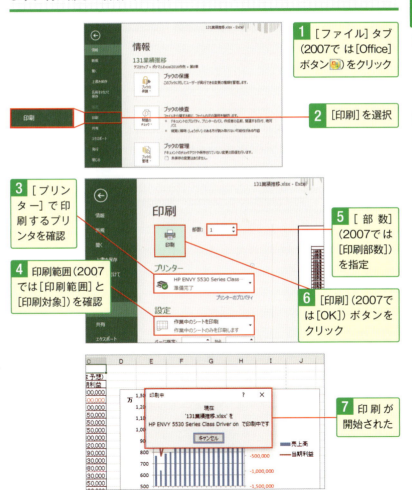

No.132 印刷イメージを意識しながら文書の編集を行うテクニック

文書の作成中になかなか仕上がりのイメージがわからない場合は「ページレイアウトビュー」を利用しましょう。上下・左右の余白や、ヘッダー・フッターの内容が表示され、印刷時のイメージを意識しながら作業できます。

1 [表示]タブを選択

2 [ページレイアウト]をクリック

3 ページレイアウトビューになり、行番号や列番号のほかにルーラーが表示される

4 ヘッダーをすぐに入力できる

5 用紙の周囲にポインターを合わせ、になったときにクリックすると、余白を表示しないようにできる

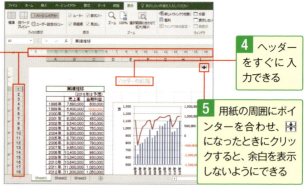

◎スキルアップ　右下にあるボタンからページレイアウトビューにする

画面下部にあるステータスバーの右に3つボタンが並んでいます。このうちの[ページレイアウトビュー]ボタン をクリックすると、ページレイアウトビューになります。[表示]タブの[標準]をクリックするか、ステータスバーの右にある[標準]ボタン をクリックすると、標準の表示に戻ります。

No.133 文書が1ページに収まらない！余白のサイズを調整するには

作成した資料が用紙1枚に収まらない場合、余白を狭くする手があります。その際は余白の広さを選ぶか、数値で指定しますが、いずれにせよあまり狭くすると窮屈な印象の文書になってしまうので気を付けましょう。

余白を簡単に変更する

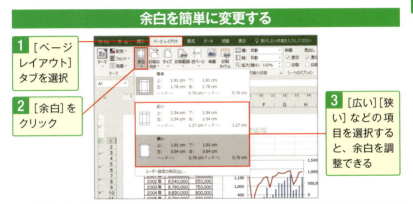

1 [ページレイアウト]タブを選択

2 [余白]をクリック

3 [広い][狭い]などの項目を選択すると、余白を調整できる

余白サイズを数値で指定する

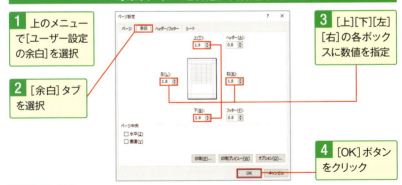

1 上のメニューで[ユーザー設定の余白]を選択

2 [余白]タブを選択

3 [上][下][左][右]の各ボックスに数値を指定

4 [OK]ボタンをクリック

2007の場合
150ページの操作で印刷プレビューを表示し、[余白の表示]にチェックを付けます。余白を示す線が表示されたらこれにポインターを合わせ、になったらドラッグし、余白を設定しましょう。

No. 134 用紙のサイズや縦横の向きを設定してから印刷しよう

文書の印刷時は用紙のサイズや、縦横の向きにも注意。設定は[ページレイアウト]タブから変更可能です。Excel 2016/2013/2010の場合は印刷プレビューの画面でも設定できるので覚えておきましょう。

[ページレイアウト]タブからサイズを変える

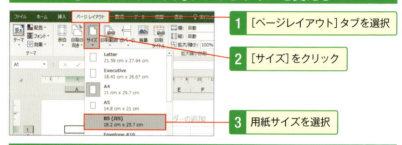

1. [ページレイアウト]タブを選択
2. [サイズ]をクリック
3. 用紙サイズを選択

[ページレイアウト]タブで用紙の向きを変える

1. [ページレイアウト]タブを選択
2. [印刷の向き]をクリック
3. 向きを選択

印刷プレビューでサイズと向きを変える

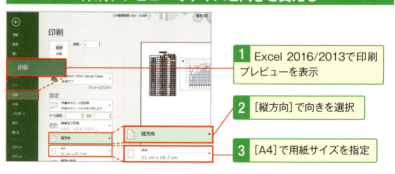

1. Excel 2016/2013で印刷プレビューを表示
2. [縦方向]で向きを選択
3. [A4]で用紙サイズを指定

No.135 シートの一部をプリント！印刷する範囲を指定したい

特に指定を行わないと、シートに入力された表やグラフはすべて印刷されてしまいます。ここではシートの印刷範囲を指定してみます。設定後は印刷範囲が点線で表示されます。印刷プレビューで確認するとよいでしょう。

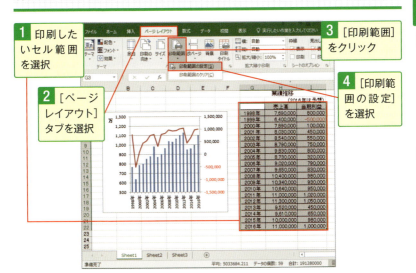

1 印刷したいセル範囲を選択
2 [ページレイアウト]タブを選択
3 [印刷範囲]をクリック
4 [印刷範囲の設定]を選択

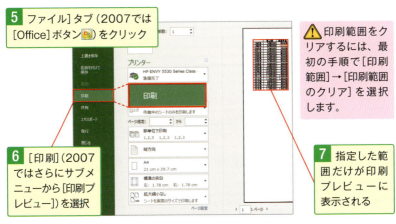

5 [ファイル]タブ（2007では[Office]ボタン）をクリック
6 [印刷]（2007ではさらにサブメニューから[印刷プレビュー]）を選択
7 指定した範囲だけが印刷プレビューに表示される

⚠ 印刷範囲をクリアするには、最初の手順で[印刷範囲]→[印刷範囲のクリア]を選択します。

No.136 表の区切りのいい位置で改ページを指定するには

用紙に収まらないサイズの表を印刷した場合、自動的に次のページに送られます。もしこの改ページの位置が中途半端だった場合は、区切りのいいところでページが変わるように指定すると、より見やすくなるでしょう。

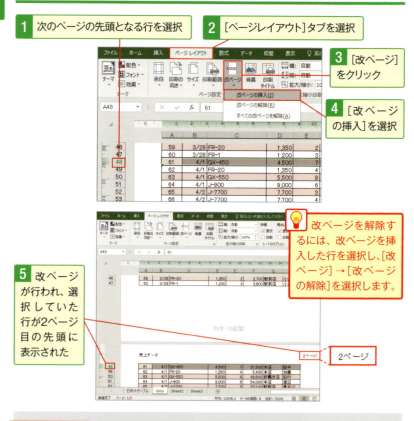

1. 次のページの先頭となる行を選択
2. [ページレイアウト]タブを選択
3. [改ページ]をクリック
4. [改ページの挿入]を選択
5. 改ページが行われ、選択していた行が2ページ目の先頭に表示された

💡 改ページを解除するには、改ページを挿入した行を選択し、[改ページ]→[改ページの解除]を選択します。

⬆スキルアップ 標準の画面でも改ページを挿入できる

ここではページレイアウトビュー（152ページ参照）で改ページの挿入を行っていますが、標準ビューでも同様の操作で改ページ位置を変更できます。

No.137 文書の内容を削らず規定のページ数に収める方法

提出する文書を規定の枚数に収めたい場合があります。これ以上内容を削れないなら、縮小して印刷してみましょう。ただしあまりにも文書内容が多いと、そのぶん小さく印刷されてしまうので注意してください。

1 ページレイアウトビューで、グラフの右端が2ページ目に送られている

2 これを1ページに収めるには[ページレイアウト]タブを選択

3 [横]の▼をクリック

4 ここでは[1ページ]を選択

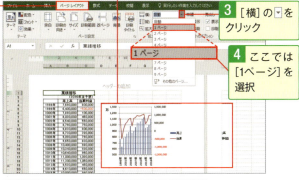

5 1ページに収めることができた

⬆ スキルアップ
すばやく1ページに印刷したい

Excel 2016/2013/2010で1ページに素早く収めて印刷するには、印刷プレビューを表示します❶。[拡大縮小なし]をクリックして❷、[シートを1ページに印刷]を選択します❸。

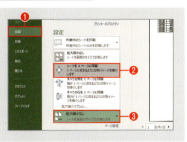

No.138 複数ページにまたがる表は見出し行を全ページに表示!

作成した表が縦に長いため、複数のページにまたがってしまう場合は、各ページの先頭に見出し行を表示しておくと親切です。ただしこれによって改ページの位置がずれることがあるので、注意しましょう。

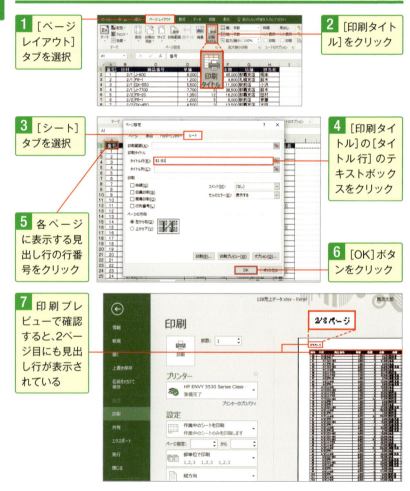

1. [ページレイアウト]タブを選択
2. [印刷タイトル]をクリック
3. [シート]タブを選択
4. [印刷タイトル]の[タイトル行]のテキストボックスをクリック
5. 各ページに表示する見出し行の行番号をクリック
6. [OK]ボタンをクリック
7. 印刷プレビューで確認すると、2ページ目にも見出し行が表示されている

No.139 ヘッダーやフッターを挿入して文章の情報を表示したい

ページ番号、日付、ファイル名といった文書の情報をページの上下端に常に表示できます。ページの上部に表示されるのが「ヘッダー」、下部に表示されるのが「フッター」ですが、ここでは任意の文字列を入力してみます。

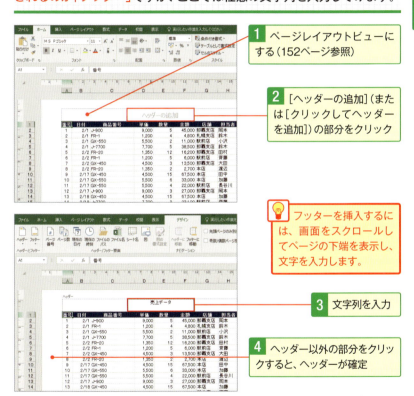

1 ページレイアウトビューにする(152ページ参照)

2 [ヘッダーの追加](または[クリックしてヘッダーを追加])の部分をクリック

💡 フッターを挿入するには、画面をスクロールしてページの下端を表示し、文字を入力します。

3 文字列を入力

4 ヘッダー以外の部分をクリックすると、ヘッダーが確定

⬆スキルアップ　左・中央・右の3カ所に入力できる

ヘッダーやフッターは左・中央・右の位置をそれぞれクリックすると、文字列を入力できます(ポインターを合わせると入力対象となる部分の色が変わる)。左部分のヘッダー(フッター)は左揃え、中央部分は中央揃え、右部分は右揃えとなります。

No.140 入力する手間が省略できる！ヘッダーに日付を自動で表示

文書中で日付を入力する機会はよくあるでしょう。ヘッダーに日付を自動表示しておけば、そうした手間も軽減できます。なお、日付以外にもページ番号、ファイル名、シート名などを挿入できます（下のコラム参照）。

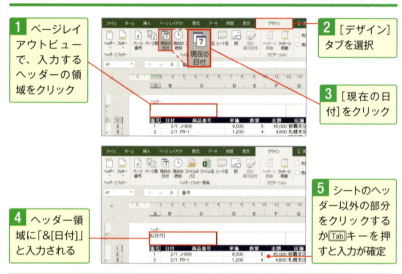

1 ページレイアウトビューで、入力するヘッダーの領域をクリック

2 ［デザイン］タブを選択

3 ［現在の日付］をクリック

4 ヘッダー領域に「&[日付]」と入力される

5 シートのヘッダー以外の部分をクリックするか[Tab]キーを押すと入力が確定

スキルアップ　ヘッダーとフッターのコマンド

［デザイン］タブでは、さまざまな自動入力を指定できます。リボンで利用できるヘッダー・フッター関連のコマンドは下の通りです。

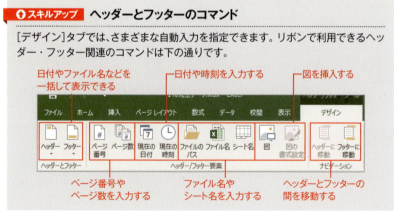

- 日付やファイル名などを一括して表示できる
- 日付や時刻を入力する
- 図を挿入する
- ページ番号やページ数を入力する
- ファイル名やシート名を入力する
- ヘッダーとフッターの間を移動する

No.141 ブックの内容チェック時にセルにコメントを付けるには

文書の内容確認のためにExcelブックを回覧することはないでしょうか。何か気付いたことがあった場合は直接修正するのではなく、セルにコメントを入力しましょう。なお、コメントにはユーザー名も追加されます。

コメントを追加する

1 コメントを付けるセルを選択

2 [校閲]タブを選択

3 [新しいコメント](または[コメントの挿入])をクリック

💡 セルを右クリックして[コメントの挿入]を選んでもいいでしょう。

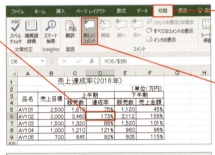

4 コメントの内容を入力。終わったら他のセルをクリックして確定

💡 1行目に入力されている「舞波太郎」はユーザー名です。書き換えたり削除したりできます。

コメントを閲覧する

1 コメントが設定されたセルには赤いマークが表示

2 セルにポインターを合わせる

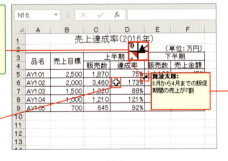

3 コメントが表示される

No.142 入力時の注意事項がわかるよう セルの選択時にメッセージ表示

たとえばすべて英語の大文字にするとか、全角100文字までとか、製品名を省略しないでほしいとか、シートに情報を入力してもらう際に何か注意事項がある場合は、**メッセージが現れるようにする**といいでしょう。

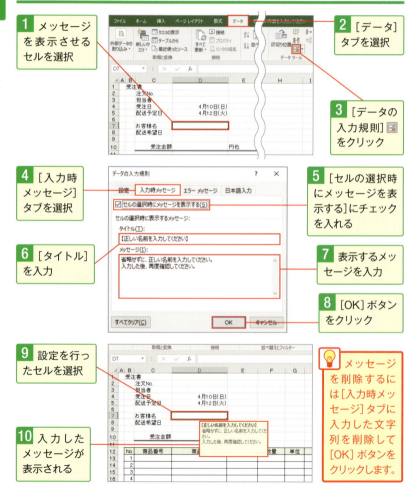

1 メッセージを表示させるセルを選択
2 [データ]タブを選択
3 [データの入力規則]をクリック
4 [入力時メッセージ]タブを選択
5 [セルの選択時にメッセージを表示する]にチェックを入れる
6 [タイトル]を入力
7 表示するメッセージを入力
8 [OK]ボタンをクリック
9 設定を行ったセルを選択
10 入力したメッセージが表示される

💡 メッセージを削除するには[入力時メッセージ]タブに入力した文字列を削除して[OK]ボタンをクリックします。

No.143 列幅がまったく異なる表を上下に複数配置したい!

複数の表を上下に配置したいとき、似たような構成の表組みならいいですが、それが全然異なる内容だときれいに作成できません。ここでは2つ目以降の表を図としてコピーして貼り付ける方法を紹介しましょう。

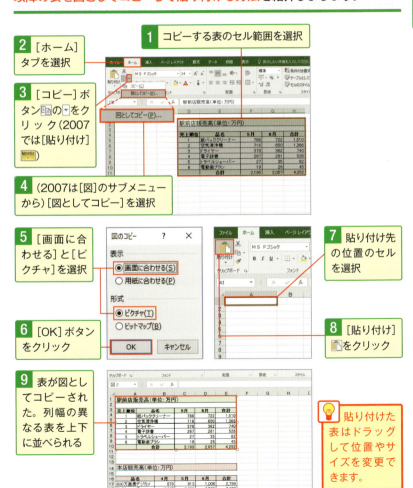

No.144 図として貼り付けた表を元のデータとリンクさせるには

前ページでは表を図としてコピーするテクニックを解説しました。ここでは元のデータとリンクした図を貼り付けてみましょう。これで元のデータを修正すると、貼り付けた側の表にも内容が反映されます。

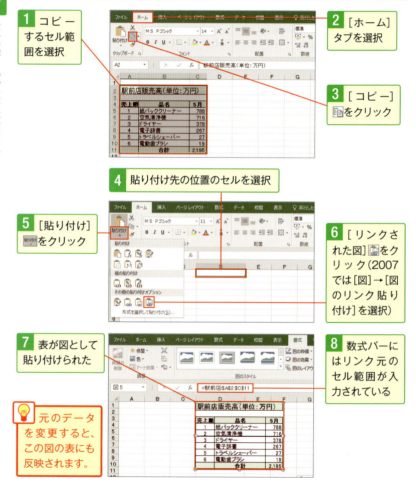

No.145 数学や統計で使われる複雑な数式を作成するには？

数学や統計で使われる記号には特殊なものがありますが、シート上でそうした数式を作成できます。[数式]ツールバーを使うことで複雑な数式も作れるので、いざというときに活用するといいでしょう。

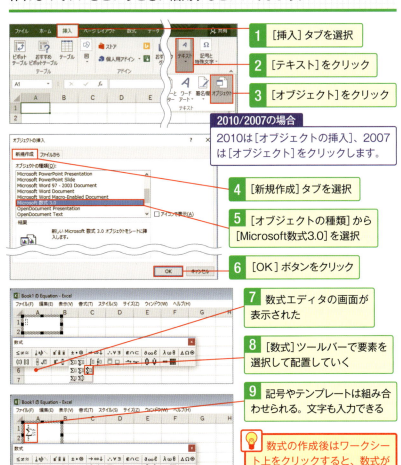

1. [挿入]タブを選択
2. [テキスト]をクリック
3. [オブジェクト]をクリック

2010/2007の場合
2010は[オブジェクトの挿入]、2007は[オブジェクト]をクリックします。

4. [新規作成]タブを選択
5. [オブジェクトの種類]から[Microsoft数式3.0]を選択
6. [OK]ボタンをクリック
7. 数式エディタの画面が表示された
8. [数式]ツールバーで要素を選択して配置していく
9. 記号やテンプレートは組み合わせられる。文字も入力できる

💡 数式の作成後はワークシート上をクリックすると、数式が挿入されます。

No.146 決まった状態のシート表示や印刷の設定を登録しておく

「ユーザー設定のビュー」(または「ビュー」)という機能を使うと、シートの表示設定や印刷設定を保存し、必要に応じて呼び出せます。ここでは詳細な条件でデータを抽出した結果を登録してみましょう。

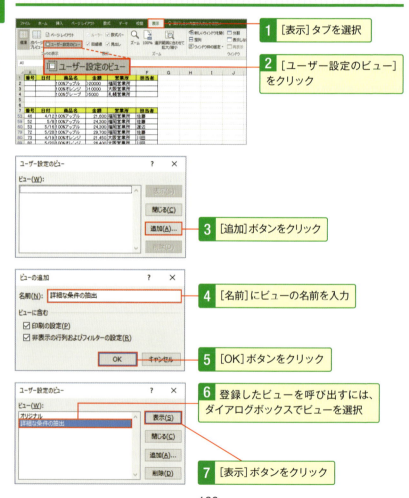

第9章
ビジネス現場で試してみたい上級ワザ

ビジネスの現場では、思いがけないところでさまざまなExcelテクニックを求められます。そうした場面に対処できるよう、ここでは覚えておきたい便利機能を紹介。特に「条件付き書式」はデータの重複、上位70%の値など条件に合ったセルを素早く探し出せます。

No. 147 Excelをイメージチェンジ!? 気分転換に色合いを変えてみる

Excelはふだんよく使うだけあって、毎日起動しているとマンネリに感じられるかもしれません。ここでは設定でExcelの見た目を変更してみます。以前よりはフレッシュな気持ちでExcelを起動できることでしょう。

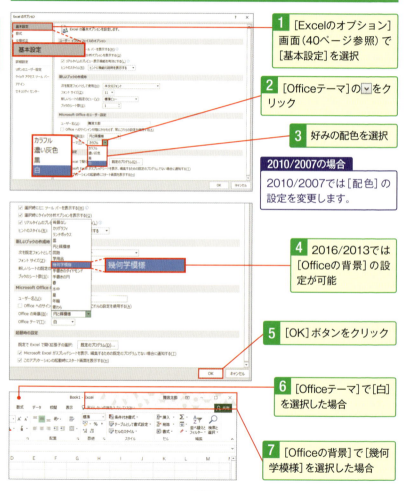

1 [Excelのオプション]画面(40ページ参照)で[基本設定]を選択

2 [Officeテーマ]の▼をクリック

3 好みの配色を選択

2010/2007の場合
2010/2007では[配色]の設定を変更します。

4 2016/2013では[Officeの背景]の設定が可能

5 [OK]ボタンをクリック

6 [Officeテーマ]で[白]を選択した場合

7 [Officeの背景]で[幾何学模様]を選択した場合

No.148 クイックアクセスツールバーによく使う機能を追加しておく

Excelの画面左上のエリアを「クイックアクセスツールバー」といいます。既にいくつかのボタンが登録されていますが、素早くアクセスできて便利です。ここに好みの機能をボタンとして追加するといいでしょう。

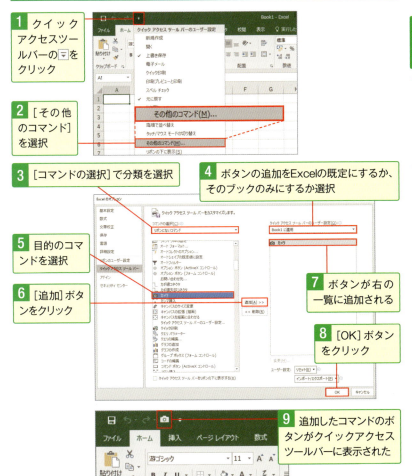

No.149 指定した条件に合ったセルに自動で書式を設定したい!

たとえば一定の売上に達成した数字を目立たせたいことはないでしょうか。Excelには条件に合ったセルに自動で書式を設定する機能があります。ここでは数値が「100」より大きいセルの色を黄色にしてみましょう。

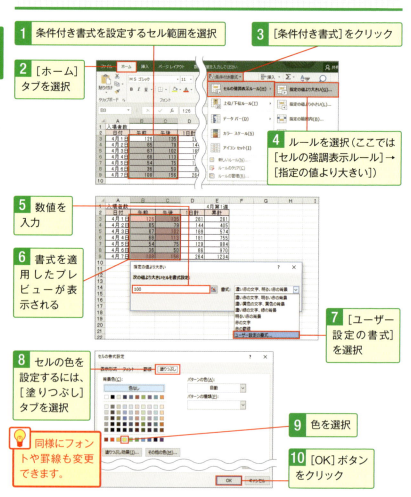

1. 条件付き書式を設定するセル範囲を選択
2. [ホーム]タブを選択
3. [条件付き書式]をクリック
4. ルールを選択(ここでは[セルの強調表示ルール]→[指定の値より大きい])
5. 数値を入力
6. 書式を適用したプレビューが表示される
7. [ユーザー設定の書式]を選択
8. セルの色を設定するには、[塗りつぶし]タブを選択
9. 色を選択
10. [OK]ボタンをクリック

💡 同様にフォントや罫線も変更できます。

No.150 条件付き書式の設定を解除する方法がわからない

前ページでは条件付き書式の設定方法を解説しましたが、これを解除する方法はなかなかわかりにくかったりします。ここでは[条件付き書式ルールの管理]画面を表示し、条件付き書式をクリアしてみましょう。

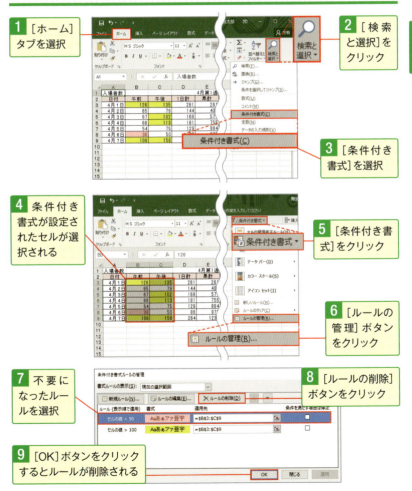

No.151 集計や分析で役立てたい！指定範囲内の数字を目立たせる

条件付き書式はさまざまな条件を指定できます。これを使いこなせば、表の集計や分析がよりラクに行えるようになるでしょう。ここでは各月の平均気温をまとめた表で、15〜20度の範囲にある気温を強調してみます。

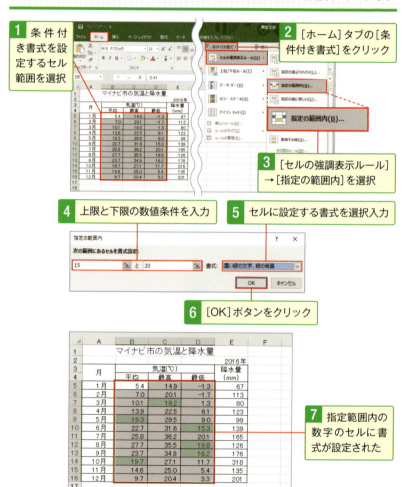

1. 条件付き書式を設定するセル範囲を選択
2. ［ホーム］タブの［条件付き書式］をクリック
3. ［セルの強調表示ルール］→［指定の範囲内］を選択
4. 上限と下限の数値条件を入力
5. セルに設定する書式を選択入力
6. ［OK］ボタンをクリック
7. 指定範囲内の数字のセルに書式が設定された

No. 152 条件付き書式は文字列に有効! 特定のセルを強調表示する

条件付き書式は数字だけでなく文字列にも使えます。方法はこれまでの設定方法と大きく変わらないので、特に難しい手順ではありません。ここでは湖沼をまとめた表で「沼」が含まれるセルに書式設定します。

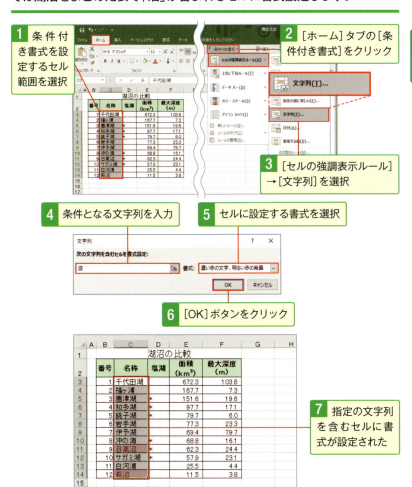

No. 153 重複データがスピーディに見付け出せる便利テクニック

仕事によっては表の中から重複したデータを見付け出す作業もあったりしますが、これを目視で行うと非常に大変です。条件付き書式を利用すれば重複データを目立たせてくれるので、かなり時間の節約になるでしょう。

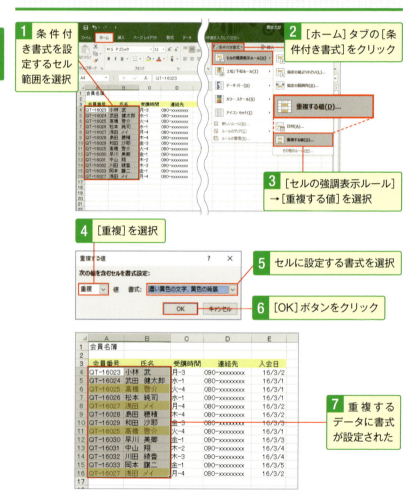

No.154 複雑な条件設定も大丈夫！上位70%に入る数値はどれ？

条件付き書式では[上位/下位ルール]メニューから、上位○%に入るセルを指定して目立たせられます。たとえば販売高が上位70%の数字も簡単に強調してくれます。なお、この○%は任意の数字を指定可能です。

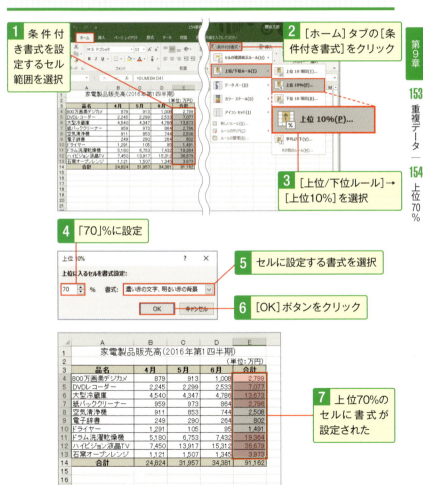

No.155 スケジュール管理に活用！来週の日付のみ曜日を表示する

特定の日付に表示形式を設定することもできます。ここでは来週の日付のみ「5/1（日）」の形式で曜日を追加してみましょう。曜日を表示する設定は登録されていないので、[ユーザー]定義で指定する必要があります。

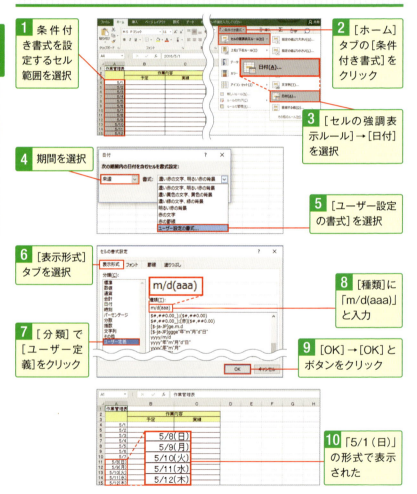

No.156 数値の大きい・小さいを色のグラデーションで表現！

数値の大小を色のグラデーションで表すことができます。「カラースケール」という機能があり、データの微妙な変化や分布を把握するのに適しています。なお、グラデーションの配色は好みのものに変更できます。

数値に応じて色分けするには

1. 設定を行うセル範囲を選択
2. [ホーム]タブの[条件付き書式]をクリック
3. [カラースケール]を選択
4. 使用したい配色の項目をクリック
5. 配色の項目にポインターを合わせるだけでプレビューが表示される
6. [その他のルール]を選択すると配色を変えられる

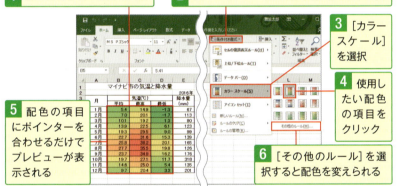

カラーリングを変更するには

1. 上の画面で[その他のルール]を選択し、[セルの値に基づいてすべてのセルを書式設定]を選択
2. [書式スタイル]で[2色スケール]か[3色スケール]を選択
3. 最小値の色と最大値の色を指定
4. [OK]ボタンをクリックすると配色が登録される

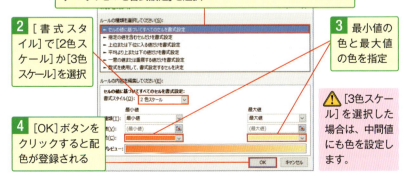

⚠ [3色スケール]を選択した場合は、中間値にも色を設定します。

No.157 画像ファイルをシート上に貼り付ける方法がわからない

表やグラフだけでなく画像も参考資料としてシートに貼り付けたい！という場面はないでしょうか。Excelでは画像ファイルも扱うことが可能で、これは自由に位置を移動したり、サイズを拡大・縮小したりできます。

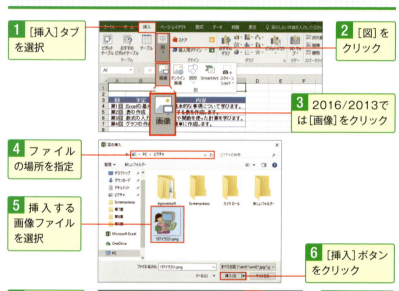

1. [挿入]タブを選択
2. [図]をクリック
3. 2016/2013では[画像]をクリック
4. ファイルの場所を指定
5. 挿入する画像ファイルを選択
6. [挿入]ボタンをクリック

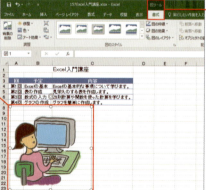

7. 選択した画像が図として挿入された
8. 図が選択されていると[図ツール]の[書式]タブが表示される

💡 挿入された図の位置やサイズはドラッグで変更できます。

No.158 ○や□を組み合わせてシート上に図形を作成するには

シート上ではカンタンな図形を追加して、見る側の理解の助けにできます。利用できるパーツは線、四角形、キホン図形、ブロック矢印、数式図形、フローチャート、星とリボン、吹き出しの8種類に分類されています。

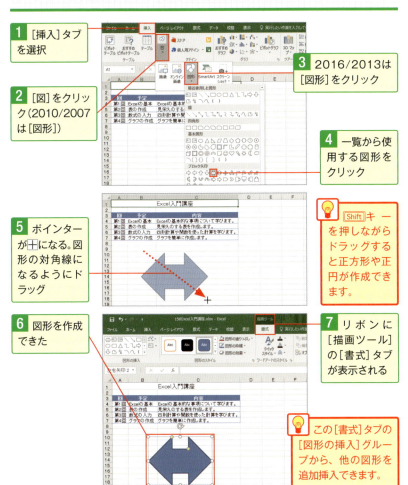

1. [挿入]タブを選択
2. [図]をクリック(2010/2007は[図形])
3. 2016/2013は[図形]をクリック
4. 一覧から使用する図形をクリック
5. ポインターが＋になる。図形の対角線になるようにドラッグ
6. 図形を作成できた
7. リボンに[描画ツール]の[書式]タブが表示される

💡 [Shift]キーを押しながらドラッグすると正方形や正円が作成できます。

💡 この[書式]タブの[図形の挿入]グループから、他の図形を追加挿入できます。

No.159 より複雑な組織図や図表をシート上に作るにはどうする?

前ページの方法で複雑な図を作るとなると、非常に手間がかかります。Excelには「SmartArt」という機能があり、これを利用すれば見栄えのよい組織図やフローチャートをカスタマイズしながら作成できます。

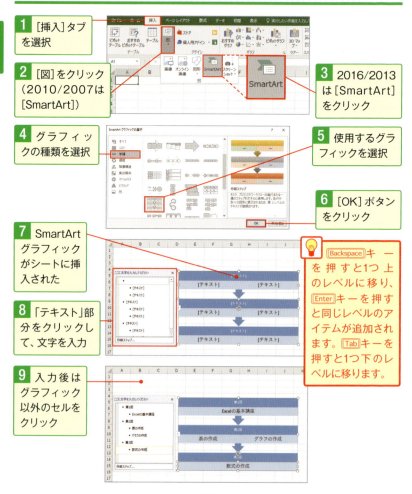

1 [挿入]タブを選択

2 [図]をクリック(2010/2007は[SmartArt])

3 2016/2013は[SmartArt]をクリック

4 グラフィックの種類を選択

5 使用するグラフィックを選択

6 [OK]ボタンをクリック

7 SmartArtグラフィックがシートに挿入された

8 「テキスト」部分をクリックして、文字を入力

9 入力後はグラフィック以外のセルをクリック

💡 Backspaceキーを押すと1つ上のレベルに移り、Enterキーを押すと同じレベルのアイテムが追加されます。Tabキーを押すと1つ下のレベルに移ります。

No.160 テキストボックスを作成して自由な場所に文字列を配置する

セルのサイズや場所に関係なく自由に文字を配置したいこともあるでしょう。そのような場合は「テキストボックス」を作成し、その中に文字列を入力します。テキストボックスは配置やサイズを好みに変えられます。

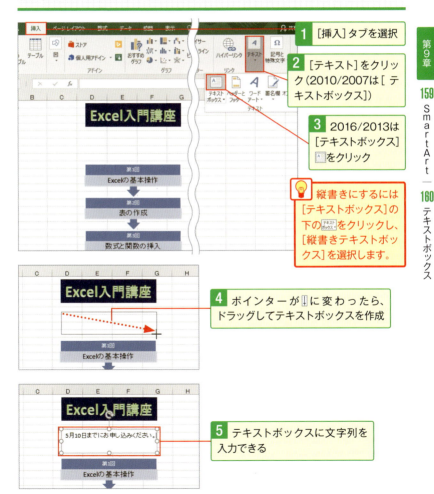

1. [挿入]タブを選択
2. [テキスト]をクリック(2010/2007は[テキストボックス])
3. 2016/2013は[テキストボックス]をクリック

💡 縦書きにするには[テキストボックス]の下のをクリックし、[縦書きテキストボックス]を選択します。

4. ポインターが↓に変わったら、ドラッグしてテキストボックスを作成

5. テキストボックスに文字列を入力できる

No.161 テキストボックス内の書式を変えて見栄えをよくしたい

前ページでテキストボックスの作成方法を解説しましたが、この中に入力した文字列は書式を変更できます。好みのフォントや色、文字サイズ、文字間隔などを調整できるので、設定をチェックしておきましょう。

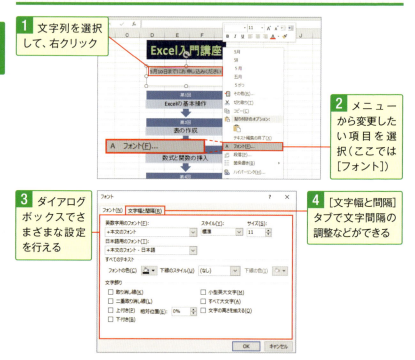

1 文字列を選択して、右クリック

2 メニューから変更したい項目を選択(ここでは[フォント])

3 ダイアログボックスでさまざまな設定を行える

4 [文字幅と間隔]タブで文字間隔の調整などができる

⊕スキルアップ

インデントや段落を設定する

右クリックして表示されたメニューから[段落]を選択すると、インデントや段落の設定ができます。

No.162 データを大きい順や五十音順に並べ替えて整理したい!

入力データは**数字の大きい順**や、**文字列の五十音順**(アルファベット順)に並べ替えられます。**降順**(3→2→1……)と**昇順**(1→2→3……)も切り替えられるので、データを整理するのにぜひ使いこなしたい機能です。

数値データの大きい順(降順)に並べ替える

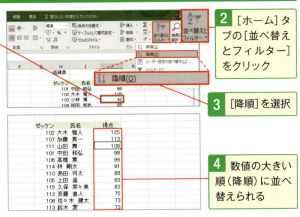

1. 並べ替えの基準となる列のセルを選択
2. [ホーム]タブの[並べ替えとフィルター]をクリック
3. [降順]を選択
4. 数値の大きい順(降順)に並べ替えられる

文字列の五十音順(昇順)に並べ替える

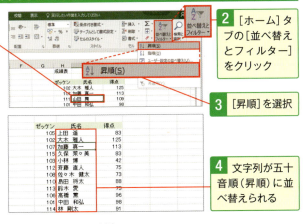

1. 並べ替えの基準となる列のセルを選択
2. [ホーム]タブの[並べ替えとフィルター]をクリック
3. [昇順]を選択
4. 文字列が五十音順(昇順)に並べ替えられる

No.163 画面をスクロールする前に表の見出し行を固定しておこう

縦に長い表を下へスクロールすると、表の見出し行が隠れてしまい、データの意味がわからなくなります。そのような場合は見出し行が常に表示されるように設定しましょう。ここでは先頭行を見出しとして固定します。

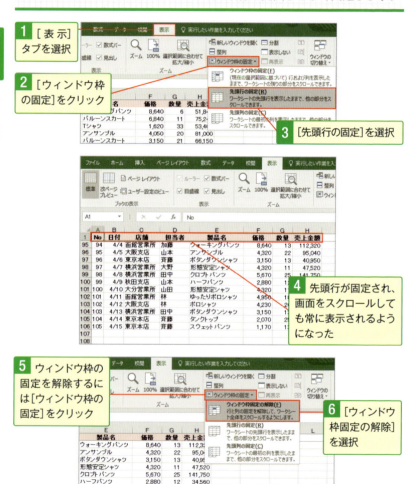

No.164 1画面に収まらないデータの上部と下部を同時に見比べたい

縦に長く1画面に収まらないような表の上部と下部を見比べたい場合、何度もスクロールを繰り返すハメになります。ここではウィンドウを上下で分割し、それぞれを独立してスクロールできるように表示してみましょう。

1 分割したい先頭行にあるA列のセルを選択

2 [表示]タブを選択

3 [分割](2007では ボタン)をクリック

この場合、16行目からウィンドウが上下に分割されます。

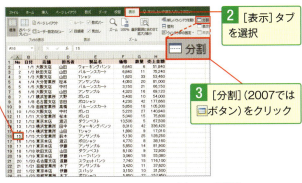

4 ウィンドウが上下に分割された。それぞれをスクロールするには、上または下の部分をクリック

分割バーにポインターを合わせ、 になったらドラッグすると、分割位置を変更できます。

5 スクロールバーで操作できる

◆スキルアップ 左右への分割・4分割を行う

ウィンドウを左右に分割するには、右ウィンドウ先頭になる列の1行目のセルを選択して[分割](2007では ボタン)をクリックします。画面を4分割するには、右下のウィンドウ左上隅になるセルを選択して[分割]をクリックします。

INDEX ◎索引

【記号・数字】

' … No.019、No.021、No.022、No.023、No.099
- … No.086
% … No.074、No.086
& … No.104
() … No.022、No.086
＊ … No.086
, … No.073、No.107
/ … No.022、No.086
^ … No.086
\ … No.073
＋ … No.086
＝ … No.086、No.107
3桁数字 … No.019

【A～X】

AVERAGEA関数 … No.093
AVERAGE関数 … No.093
Book … No.001
CONCATENATE関数 … No.104
COUNTA関数 … No.094
COUNT関数 … No.094
Excel 2003 … No.003
Excelの見た目 … No.147
IF関数 … No.108、No.112
MAX関数 … No.095
MIN関数 … No.095
NOW関数 … No.109
PHONETIC関数 … No.111
PRODUCT関数 … No.106、No.107
ROUND関数 … No.110
Sheet … No.001
SmartArt … No.159
SUM関数 … No.105、No.108、No.114
TODAY関数 … No.109
URL … No.024
VLOOKUP関数 … No.098、No.113
xls … No.003
xlsx … No.003

【あ行】

アクティブセル … No.002
値の貼り付け … No.103
一括入力 … No.005、No.025
印刷 … No.001、No.131
印刷範囲 … No.135
印刷プレビュー … No.130
インデント … No.070
ウィンドウのサイズ … No.055
ウィンドウの整列 … No.056、No.057
ウィンドウの分割 … No.164

上付き……………………………No.023	カンマ…………………………No.073、No.107
エラーチェック………………………No.019	記号………………………No.018、No.145
円記号……………………………No.073	行…………………………………No.002
円グラフ……………………………No.115	行のコピー………………………No.045
オートSUM………No.091、No.092、No.093、No.095、105	行の削除…………………………No.038
オートコレクト……………………No.024	行の挿入…………………………No.038
オートコンプリート…………No.029、No.107	行の高さ…………………………No.041
オートフィル………No.027、No.028、No.087	行の非表示………………………No.040
同じデータ…………………No.029、No.030	行の選択…………………………No.036
折り返して全体を表示する……………No.068	行番号……………………No.002、No.054
折れ線グラフ………………………No.116	行列を入れ替える…………………No.044
折れ線グラフをつなぐ………………No.129	均等割り付け……………………No.066
	クイックアクセスツールバー………No.001、No.033、No.148
【か行】	空白の削除………………………No.051
	区切り文字………………………No.052
下位○%……………………………No.154	グラデーション…………No.062、No.156
改行………………………………No.068	グラフ……………………………No.115
改ページ…………………………No.136	グラフエリア……………No.116、No.124
改ページプレビュー………………No.001	グラフタイトル…………………No.124
拡大………………………………No.001	グラフデータの対象範囲……………No.117
掛け算………No.086、No.089、No.106	グラフデータの追加………………No.118
下線………………………………No.060	グラフの移動……………………No.119
画像ファイル………………………No.157	グラフの種類……………………No.115
カタカナ…………………No.032、No.083	グラフの書式……………………No.127
画面表示ボタン……………………No.001	グラフのスタイル…………………No.120
カラーリファレンス…No.096、No.116、No.117	グラフの単位……………………No.126
関数………………No.097、No.106、No.108	グラフ要素………………………No.124
関数の挿入………………………No.088	グラフレイアウト…………………No.121
関数の引数………………No.088、No.098	繰り返す…………………………No.034

クリップボード	No.046、No.047
グループ	No.001
計算結果の更新	No.100
計算結果のコピー	No.103
計算結果の利用	No.101
計算方法	No.100
罫線	No.063、No.079
罫線の色	No.065
罫線の削除	No.064
罫線の種類	No.065
桁数	No.075
検索	No.049
合計	No.085、No.091、No.092、No.108、No.114
格子	No.063
降順	No.162
コメント	No.015、No.141

【さ行】

最終版	No.013
最小値	No.095
最大値	No.095
作業グループ	No.005
左右揃え	No.066
シート	No.001
シートの選択	No.035
シートの非表示	No.006、No.009
シートの表示を登録	No.146
シートの保護	No.008
シート見出し	No.004、No.005、No.009
時間	No.109
四捨五入	No.110
四則演算	No.086
下付き	No.023
斜体	No.060
縮小	No.001
縮小して全体を表示する	No.069
上位○%	No.154
上下揃え	No.066
条件	No.112
条件付き書式	No.149
条件付き書式の解除	No.150
条件に合った数字	No.151
条件に合った文字列	No.152
条件を選択してジャンプ	No.037
昇順	No.162
小数点	No.026、No.074、No.075
書式	No.079
書式のクリア	No.048
書式のコピー	No.080
書体	No.058
シリアル値	No.020
数式	No.086、No.087、No.096
数式エディタ	No.145
数式ツールバー	No.145
数式の一括入力	No.088
数式のコピー	No.087
数式の参照先	No.089、No.096
数式の修正	No.097
数式のセル	No.037

数式の表示	No.099
数式バー	No.002、No.054、No.068、No.097
数値	No.019、No.073、No.074、No.085
数値の個数	No.094
数値の大小	No.156
ズームスライダー	No.001
図形	No.158
スタイル	No.060
ステータスバー	No.001、No.085
スパークライン	No.128
スペースの削除	No.051
すべてクリア	No.048
西暦	No.020、No.076
絶対参照	No.089、No.090
セル	No.002、No.094
セルにコメント	No.141
セルにメッセージ	No.142
セルの移動	No.031、No.042
セルの色	No.061
セルの切り取り	No.042
セルのクリア	No.048
セルの結合	No.071、No.072
セルのコピー	No.042
セルのサイズ	No.069
セルの削除	No.039
セルの挿入	No.039、No.043
セルの貼り付け	No.042
セルのロック	No.007
セル範囲	No.035、No.096
セル番地	No.002、No.035
全セル選択	No.007
選択範囲の拡大	No.055
相対参照	No.087、No.088
組織図	No.159
外枠	No.063

【た行】

タイトルバー	No.001
足し算	No.086
縦書き	No.067
縦軸	No.124
縦軸ラベル	No.122、No.124
タブ	No.001
ダブルクリック	No.087
単位	No.078
置換	No.050、No.051
中央揃え	No.072
重複データ	No.153
通貨表示形式	No.073
定数	No.037
データ系列	No.124
データラベル	No.124
テキストボックス	No.160、No.161
テンプレート	No.127
同時スクロール	No.056
同時編集	No.010
ドキュメント検査	No.012

【な行】

斜め書き………………………………No.067
名前……………………………………No.004
名前ボックス………………… No.002、No.035
並べて比較……………………………No.056
日本語入力………………… No.016、No.032
ネスト…………………………………No.108

【は行】

パーセント………… No.074、No.079、No.086
ハイパーリンク………………………No.024
配列数式………………………………No.114
パスワード………………… No.008、No.014
半角英数字……………………………No.016
凡例………………………… No.123、No.124
引き算…………………………………No.086
引数………… No.098、No.106、No.108
日付………… No.020、No.076、No.109、No.140
日付に曜日を表示……………………No.155
表………………………………………No.113
表示……………………………………No.001
表示形式…………… No.021、No.022、No.081
標準……………………………………No.001
表の選択………………………………No.036
表の見出し……………………………No.163
表をリンクさせる……………………No.144
表を複数配置…………………………No.143
ファイル…………… No.001、No.012、No.015

ファイル名……………………………No.001
フィルハンドル……………… No.002、No.027
フォント………… No.058、No.079、No.080
複合参照………………………………No.090
複数シート………………… No.005、No.057
複数シートの合計……………………No.105
複数セル…………………… No.025、No.030
複数セルに分割………………………No.052
複数データ……………………………No.047
複数データの結合……………………No.104
複数ブック……………………………No.056
ブック…………………………………No.001
ブックの改ざん………………………No.013
ブックの共有…………………………No.010
ブックの参照…………………………No.102
ブックの情報…………………………No.015
ブックの非表示………………………No.011
ブックの保護…………………………No.009
フッター…………………… No.132、No.139
太字……………………………………No.060
ふりがな…………………… No.082、No.111
フローチャート………………………No.159
プロットエリア………………………No.124
分数……………………………………No.021
平均………………………… No.085、No.093
ページ数………………………………No.137
ページレイアウト……………………No.001
ページレイアウトビュー……………No.132
べき乗…………………………………No.086
ヘッダー………… No.132、No.139、No.140

ポインター……………………………No.002
棒グラフ………………………………No.115
保存………………………… No.001、No.003

【ま行】

見出し…………………………………No.054
見出し行の表示………………………No.138
ミニツールバー………………………No.079
メールアドレス………………………No.024
メッセージ……………………………No.142
目盛線……………………… No.053、No.125
文字の色…………………… No.059、No.080
文字のサイズ…………………………No.058
文字の削除……………………………No.016
文字の修正……………………………No.017
文字の入力………………… No.016、No.160
文字列……………………… No.019、No.022
元に戻す………………………………No.033

【や行】

やり直し………………………………No.034
用紙のサイズ…………………………No.134
用紙の向き……………………………No.134
曜日……………………………………No.077
横軸……………………………………No.124
横軸ラベル………………… No.122、No.124
余白……………………………………No.132
余白のサイズ…………………………No.133

【ら行】

リボン…………………………………No.001
リンク…………………………………No.024
リンクの編集…………………………No.102
列………………………………………No.002
列のコピー……………………………No.045
列の削除………………………………No.038
列の幅…………………………………No.041
列の非表示……………………………No.040
列の選択………………………………No.036
列の挿入………………………………No.038
列番号……………………… No.002、No.054
連続データ……………………………No.027
連続データの登録……………………No.028

【わ行】

ワークシート…………………………No.001
枠線……………………………………No.053
割り算…………………………………No.086
和暦……………………………………No.076

【問い合わせ】
本書の内容に関する質問は、下記のメールアドレスおよびファクス番号まで、書籍名を明記のうえ書面にてお送りください。電話によるご質問には一切お答えできません。また、本書の内容以外についてのご質問についてもお答えすることができませんので、あらかじめご了承ください。

メールアドレス：book_mook@mynavi.jp
ファクス：03-3556-2742

【ダウンロード】
本書のサンプルデータを弊社サイトからダウンロードできます。下記のサイトより、本書のサポートページにアクセスしてください。また、ダウンロードに関する注意点は、本書3ページおよびサイトをご覧ください。

https://book.mynavi.jp/supportsite/detail/9784839959579.html

ご注意：上記URLはブラウザのアドレスバーに入れてください。GoogleやYahoo!では検索できませんのでご注意ください。サンプルデータは本書の学習用として提供しているものです。それ以外の目的で使用すること、特に個人使用・営利目的に関らず二次配布は固く禁じます。また、著作権等の都合により提供を行っていないデータもございます。

速効！ポケットマニュアル

Excel 基本ワザ&仕事ワザ
2016&2013&2010&2007

2016年5月26日　初版第1刷発行　　2016年11月19日　初版第2刷発行

著者 ……………………	速効！ポケットマニュアル編集部
発行者 …………………	滝口直樹
発行所 …………………	株式会社マイナビ出版
	〒101-0003　東京都千代田区一ツ橋2-6-3　一ツ橋ビル2F
	TEL 0480-38-6872（注文専用ダイヤル）
	TEL 03-3556-2731（販売部）
	TEL 03-3556-2736（編集部）
	URL：http://book.mynavi.jp

装丁・本文デザイン …	納谷祐史
イラスト ………………	ショーン＝ショーノ
DTP ……………………	納谷祐史、川嶋章浩
印刷・製本 ……………	図書印刷株式会社

©2016 Mynavi Publishing Corporation, Printed in Japan
ISBN978-4-8399-5957-9
定価は裏表紙に記載してあります。
乱丁・落丁本はお取り替えいたします。
乱丁・落丁についてのお問い合わせは「TEL0480-38-6872（注文専用ダイヤル）、電子メール：sas@mynavi.jp」までお願いいたします。
本書は著作権法上の保護を受けています。
本書の一部あるいは全部について、著者、発行者の許諾を得ずに、無断で複写、複製することは禁じられています。
本書中に登場する会社名や商品名は一般に各社の商標または登録商標です。